LES SÉRICIGÈNES SAUVAGES DE LA CHINE

PAR

ALBERT A. FAUVEL
ANCIEN FONCTIONNAIRE DES DOUANES CHINOISES
CORRESPONDANT DU MUSÉUM D'HISTOIRE NATURELLE

PUBLIÉ SOUS LES AUSPICES DU MINISTÈRE DE L'INSTRUCTION PUBLIQUE ET DES BEAUX-ARTS
(Comité des Travaux historiques et scientifiques, section de Géographie historique et descriptive)

PARIS
ERNEST LEROUX, ÉDITEUR
28, RUE BONAPARTE
—
1895

LES

SÉRICIGÈNES SAUVAGES

DE

LA CHINE

M. Henri Cordier, membre du Comité des Travaux historiques et scientifiques (section de Géographie historique et descriptive), a suivi l'impression de cet ouvrage.

Chartres. — Imprimerie Durand, rue Fulbert.

LES

SÉRICIGÈNES SAUVAGES

DE

LA CHINE

PAR

ALBERT-A. FAUVEL

ANCIEN FONCTIONNAIRE DES DOUANES CHINOISES
CORRESPONDANT DU MUSÉUM D'HISTOIRE NATURELLE

Jam parat auratas trabeas cinctus que micantes
Stamine quod molli tondent de stipite seres
Frondea lanigeræ carpentes vellera sylvæ
Et longum tenues tractus producit in aurum.

CLAUDIUS CLAUDIANUS.

PUBLIÉ SOUS LES AUSPICES DU MINISTÈRE DE L'INSTRUCTION PUBLIQUE ET DES BEAUX-ARTS
(Comité des Travaux historiques et scientifiques, section de Géographie historique et descriptive)

PARIS
ERNEST LEROUX, ÉDITEUR
28, RUE BONAPARTE

1895

CHAPITRE PREMIER.

HISTORIQUE.

L'histoire des vers à soie domestiques et celle de la noble industrie séricicole sont aujourd'hui bien connues, grâce aux remarquables ouvrages de MM. Pariset, Duseigneur et surtout de M. Natalis Rondot. Bien que le volumineux ouvrage de ce dernier contienne des pages fort intéressantes sur les vers à soie sauvages, peu de personnes, en dehors de celles qui s'en occupent spécialement, les connaissent, et l'histoire de l'origine du *Bombyx Mori* est encore assez obscure, quoiqu'on admette généralement qu'il est d'origine chinoise. Profitant des occasions spéciales que nous offrait un séjour de dix années dans l'Empire du Milieu, nous y avons fait des recherches nombreuses sur ce sujet des plus intéressants. Il touche en effet à l'une de nos industries nationales des plus florissantes, contribuant pour une large part à la richesse de la France, qui centralise aujourd'hui, dans sa seconde capitale Lyon, le marché d'importation des soies d'extrême Orient. C'est le résultat de ces recherches, faites sur les lieux, *complétées par la traduction de documents originaux*, écrits à notre demande par plusieurs lettrés chinois et mises au point, grâce au concours amical de savants français et étrangers, tant pour la partie entomologique que pour la partie botanique, que nous offrons aujourd'hui au public.

Suivant la logique même des événements, il est évident que l'on dut connaître, tout d'abord, les vers à soie à l'état sauvage, avant de les avoir domestiqués. On dut recueillir directement sur les arbres et les buissons les cocons qu'ils y tissaient librement en plein air. Ces cocons furent d'abord peignés et filés à la main, ou au rouet, avant qu'on découvrît le secret de les dévider. Quels furent ces cocons, où et comment furent-ils d'abord utilisés? C'est ce que nous allons montrer au moyen des textes anciens, tant européens que chinois.

Les grands explorateurs modernes, Armand David, Prjevalski, Bonvalot, Henri d'Orléans, etc., nous ont appris que l'Asie centrale et le *far west* chinois sont la patrie de plusieurs races d'animaux domestiques dont ils ont retrouvé les types à l'état sauvage, tels : le mouton, le cheval et le chameau.

L'humble ver à soie a été retrouvé par l'abbé David à l'état sauvage sur les mûriers, également sauvages, des montagnes de l'Ourato, en chinois *A-la chan*, en Mongolie[1]. Les spécimens qu'il en ramassa ont été malheureusement perdus, de sorte qu'on ne sait exactement quelle était cette espèce. On n'est pas mieux fixé sur le ver à soie à cocon blanc que Prjevalsky trouva aussi un peu plus tard en Mongolie[2]. Plus heureux que ces explorateurs, nous avons eu la chance d'en trouver deux espèces dont nous donnerons la description à la partie entomologique de ce travail.

Mais il s'agit ici de retrouver dans les textes anciens ce qu'ils peuvent bien dire de l'histoire des vers à soie sauvages. Les documents les plus anciens nous viennent naturellement des auteurs chinois que nous allons étudier par ordre chronologique.

TEXTES CHINOIS.

On trouve dans les classiques chinois que déjà aux temps mytholo-

1. A. David, *Journal de mon troisième voyage d'exploration dans l'Empire chinois*, 1875.
2. Lieutenant-Colonel N. Prjevalsky, *Mongolia, the Tangut country and the solitudes of Northern Tibet*, 1876.

giques de l'empereur Fou-hi (2852 av. J-C.), on avait remarqué la transformation des vers en cocons soyeux et qu'on se servait de ces cocons pour fabriquer les vingt-sept cordes de l'instrument de musique appelé *Kin*. Les commentateurs, cités d'ailleurs par le Père Amiot, nous apprennent que ces cordes étaient faites en filant entre les doigts la soie cardée des cocons ramassés dans les forêts ou sur les buissons. Ce ne fut en effet qu'en 2697 av. J.-C. que l'impératrice *Si-ling-chi*, épouse du fameux empereur *Hoang-ti*, fut la première à enseigner au peuple l'art d'élever les vers à soie et d'utiliser leurs cocons pour en faire des tissus. Nous apprenons un peu plus tard que ces vers vivaient sur le mûrier, principalement dans le royaume de *Lou*, qui était situé dans la partie centrale du pays formant aujourd'hui la province du Chan-toung. On peut donc affirmer, d'après l'histoire chinoise, que ce fut là qu'on découvrit les premiers vers à soie et que l'industrie de la sériciculture, qui y est encore aujourd'hui très prospère, y prit naissance. Elle semble s'y être rapidement développée, s'il faut en croire le *Chou-King*. Nous y trouvons, en effet, au chapitre des Travaux de Yü (*Yü-Kong*, improprement traduit par tribut de Yü), que ce grand empereur étant venu (vers 2255 av. J.-C.) faire ses dévotions à la montagne sacrée de *Taï* près de la ville de Taï-an-fou actuelle, les habitants lui offrirent trois pièces de soie. On y lit encore que « Les tribus sauvages de *Laï* apprirent à cultiver la terre et apportèrent dans leurs paniers la soie des mûriers de montagne ». Or, le pays du Laï n'est autre que celui des environs de Laï-tchéou-fou, ville de premier ordre, non loin du port actuel de Tché-fou, dans le Chan-toung oriental. Nous y avons trouvé, en 1873, le mûrier blanc à l'état sauvage, sous le même nom de *Yen* ou *Yen-sang*, que l'on cite dans le Yü-Kong. Mais ce chapitre cite encore les plantations de mûriers et la récolte de la soie dans les pays de *Yen* et de *Tsing*, aujourd'hui Yen-tchéou-fou, et Tsing-tchéou-fou, grandes villes, riches en soie, du Chan-toung central. Il y avait donc à cette époque des mûriers cultivés et des vers à soie domestiques dans le centre de cette province, tandis que la partie orientale, habitée par les sauvages Laï, possédait des mûriers et des vers à soie à l'état sauvage, Il en est encore de même aujourd'hui.

La description générale de la province du Chan-toung éditée en 1736 [1] d'après des documents fort anciens, raconte, au chapitre intitulé *Wou hsing* (Les cinq éléments ou chronologie des événements), que, dans la quatrième année du règne de *Yüan-ti* (43 av. J.-C.), dans le district de la montagne de *Toung-mo*, les vers à soie sauvages, *Yeh-tsan*, filèrent leurs cocons, et, pour la première fois, on en ramassa plus de 10,000 *piculs* (604,530 kilogrammes) et on en confectionna des vêtements. Nous croyons qu'il ne s'agit plus ici des vers à soie du mûrier, mais bien de ceux du chêne pour lesquels le district de *Toung-mochan*, quelques lieues à l'ouest de Tché-fou, est encore renommé. Cette supposition, que c'est là la première mention que l'on trouve de ces vers, est fortifiée par les textes suivants du même ouvrage.

Un autre livre, le *Tang-houi-yao*, dit : « En l'année 640 (de notre ère) les vers à soie sauvages mangèrent la feuille du *Hou* » (chêne). C'est la première fois que cet arbre est signalé comme servant de nourriture à un ver à soie sauvage. Or, comme le texte chinois ajoute : « et ils firent des cocons aussi gros que des prunes », on voit qu'il s'agit bien d'une espèce toute différente de celle vivant sur le mûrier, c'est bien du ver spécial au chêne, de l'*Antheræa Pernyi* qu'il s'agit ici. Le même ouvrage ajoute qu'en 975 ils firent leurs cocons dans le district de *Tsi-nan-fou*. Les textes chinois ne nous apprennent rien de neuf du premier siècle au dix-neuvième. En 1848, deux Chinois du Kouéï-tchéou publient une *Nomenclature et description des plantes* [2] dans laquelle un long chapitre intitulé *Tchou-kien-pou* (c'est-à-dire : traité des cocons de l'ailante) nous donne des détails très intéressants sur les vers à soie sauvages, vivant sur divers arbres, entre autres le mûrier, le chêne et l'ailante. On y lit que sous le règne de l'empereur Kang-hi (1662-1723) un nommé *Liéou Ki-koung*, originaire du Chan-toung, étant administrateur du district de *Ning-Kiang* au Chen-si, apprit le premier aux gens de ce pays à préparer la soie

1. *Chan-toung-toung-che*, 1re année du règne de *Kien-loung*, 1736.
2. *Tche-wou-ming-che-tou-kao. Nomenclature et description des plantes.* Ouvrage de *Wou Ki-sun*, successivement gouverneur de plusieurs provinces de Chine, publié après la mort de l'auteur par *Lou Ying-kou*, en 1848.

des cocons des vers sauvages du chêne. Sa méthode était celle qu'on suit encore aujourd'hui, d'où le nom de *Liéou-koung-sse* ou soie de Liéou koung, qu'on donne aux tissus fabriqués avec ces cocons. Le savant père d'Incarville ne connaissait sans doute pas ce point d'histoire quand il écrivit au cardinal de Fleury en 1740 qu'on ne savait à quelle époque on avait commencé à travailler la soie du ver du chêne.

Voici maintenant comment ce même ouvrage raconte l'introduction de cette industrie dans la province de Kouéï-tchéou. « Arrivé à *Tsun-yi-* « *fou*, dans la troisième année du règne de Kien-loung (1739), le man- « darin *Cheng Hseng-an*, natif du Chan-toung, pensait du matin au soir à « la façon dont il pourrait être utile au peuple. Il s'occupait en effet de « leurs affaires, petites et grandes, et tous étaient heureux. Or, en se « promenant, il remarqua dans les environs beaucoup de chênes *(Hou)* « qui étant trop faibles pour servir de bois de construction, n'étaient em- « ployés que pour le chauffage. Il se rappela avoir vu pareils arbres dans « les départements de Tsing-tchéou et de Laï-tchéou au Chan-toung et « se dit : j'ai maintenant un moyen de faire la fortune du peuple. Pendant « l'hiver de l'année suivante, il envoya un homme au Chan-toung pour « acheter à Tsi-nan-fou des cocons de montagne (des vers du chêne) et « ramener avec lui un ouvrier expert dans l'élevage de ces vers. Les « papillons éclorent en route au Hou-nan et l'entreprise échoua. Le préfet « ne se découragea point. Deux ans plus tard, il renvoya un messager « (dans son pays) pour acheter des cocons et il fit venir un tisserand. « Comme il avait profité de l'hiver, les cocons arrivèrent avant la fin de « l'année sans qu'aucune éclosion se fût produite en route. Au printemps « suivant (1742), il s'occupa d'élever lui-même les vers, sur une petite « colline artificielle voisine de son prétoire et il obtint une bonne récolte « de cocons. Il les distribua à ses administrés qui chantèrent ses « louanges... On obtint une bonne récolte à l'automne. Malheureusement « on ne sut point traiter convenablement ces cocons pendant l'hiver, on « les chauffa par trop et les chrysalides donnèrent des vers qui moururent « avant d'avoir filé leur cocon. Sans se décourager, le préfet envoya de « nouveaux émissaires au Chan-toung, en bonne saison. Il se chargea

« ensuite d'expliquer lui-même à ses gens les principes de l'éducation des « vers. Il envoya des instructeurs en quatre endroits différents et on « obtint enfin l'acclimatation parfaite des vers du chêne au Kouéï-tchéou, « où l'on fait depuis cette époque de belles récoltes de cocons. Grâce aux « efforts du préfet, on fonda à l'endroit appelé *Pai-tien-pa* (Etang du « champ blanc) une fabrique de soie, où deux maîtres tisserands apprirent « au peuple à dévider, lessiver, filer et tisser la soie de ces cocons. Dans « ses moments de loisir, le *Taï-chou* (préfet) allait lui-même surveiller la « fabrique, expliquant aux maladroits la meilleure façon de s'y prendre. « Qu'il plût ou ventât, rien ne l'arrêtait. Il ne reste plus aujourd'hui que « des ruines de cet établissement, à trois *li* (1/3 de lieue) à l'est de la « ville de Tsun-yi-fou, mais le souvenir de *Cheng Hseng-an* est vivant « dans toutes les mémoires. Il envoya des gens experts distribuer « partout des œufs de cocons et apprendre à ses subordonnés l'élevage « des vers et le travail de la soie. Il leur fournissait aussi des instruments « et leur payait des gages. Ceci se passait en la septième année de Kien- « loung (1743) ; or, la huitième année (1744), en faisant une enquête, « on trouva 8 millions de cocons et plusieurs dizaines de tisserands et « d'éleveurs capables. Le gouverneur ayant pris sa retraite, rentra alors « au Chan-toung, tout le monde cherchant à le retenir et pleurant à son « départ ; mais il les consola en leur laissant les maîtres éleveurs et « tisserands.

« Aujourd'hui, la population tout entière du Kouéï-tchéou connaît « cette industrie. On n'entend partout que le ronflement des rouets et le « battement des métiers. Des forêts de chênes couvrent le pays et en « ombragent les routes. Lorsque les vieillards se rencontrent, ils parlent « de la soie, du succès de la récolte des cocons de printemps et d'au- « tomne, du progrès de leurs enfants dans l'art de l'élevage et du tissage. « Sur toutes les rues on voit vendre les tissus de cette soie qui ont une « renommée comparable aux damas de *Sou-tchéou* et aux brocards du « Se-tchouan. On vient en grand nombre des autres provinces pour « l'acheter. On la mélange à la soie du mûrier pour la fabrique du crêpe « et de la soie unie du Tché-kiang. Mais dans toute la province du Kouéï-

« tchéou, la soie de *Tsun-yi-fou* est la meilleure, grâce aux soins et à la « persévérance du gouverneur, à la mémoire duquel on a par reconnais- « sance élevé un temple. »

A la suite de ce récit auquel nous avons tenu à conserver son cachet de naïveté et de sincérité, se trouve une longue description des divers chênes, extrêment confuse, grâce à la multiplicité des synonymes et au manque de classification scientifique, qui caractérise d'ailleurs toutes les productions analogues dans les livres chinois traitant d'histoire naturelle. Il cite aussi les vers à soie vivant sur divers arbres, tels que l'arbre à suif, l'arbre à cire, le châtaignier, le *Melia azederach*, le Liquidambar, etc., etc., et sur lesquels nous reviendrons dans la partie botanique de ce travail.

TEXTES EUROPÉENS.

Abandonnant les textes chinois, voyons ce que nous pourrons trouver concernant les vers à soie sauvages dans les écrivains européens de l'antiquité, du moyen âge et des temps modernes.

Le plus ancien texte concernant ces vers nous paraît être celui d'Aristote qui décrit un ver à soie sauvage des Indes orientales, comme un ver à cornes, qui rappelle les excroissances charnues ou cornes qui rendent si remarquables les chenilles des Attacus et particulièrement celles des vers du chêne, de l'ailante et du ricin, qui se trouvent dans l'Inde comme en Chine. Ceci semble indiquer qu'au temps d'Alexandre (ɪvᵉ siècle av. J.-C.), un de ces grands vers à soie était déjà connu dans l'Inde[1].

Le savant botaniste, le docteur anglais Hance, nous a le premier fait remarquer que le texte suivant de Pline s'applique évidemment à un des

1. *Sur la sériciculture en Chine*, par MM. Gaschkewitsch et Motchulsky, dans ÉTUDES ENTOMOLOGIQUES, par Victor de Motschulsky. Helsingfors, 1857.

vers vivant à l'état sauvage sur les arbres. Le traitement décrit n'est autre que le décreusage et le cardage.

Primi sunt hominum qui noscantur Seres, lanicio sylvarum nobiles perfusam aqua depectentes frondium canitiem.....

Naturalis historia, Lib. VI, § 20.

Il est probable qu'il s'agit ici d'un ver sauvage du mûrier, ces vers ayant été connus et leurs cocons utilisés bien avant ceux du chêne et autres arbres, ainsi que le dit un savant très compétent sur ce sujet et auteur d'un ouvrage très remarquable sur la soie, M. Natalis Rondot.

Ammien Marcellin parlant des Sères, trois cents ans après Pline (380 A. D.), décrit évidemment des vers à soie sauvages, dans les lignes suivantes qui semblent d'ailleurs inspirées du grand naturaliste latin :

Cœli apud eos (Seres) jucunda salubris que temperies.....; et abunde sylvæ sublucidæ : a quibus arborum fetus aquarum adsperginibus crebris velut quædam vellera mollientes, ex lanugine et liquore mistam subtilitatem tenerrimam pectunt : nentes que subtemina, conficiun sericum, ad usus antehac nobilium nunc etiam infimorum sine ulla discretione proficiens.

(Ammianus Marcellinus de Imperatoribus, Julianus, 363, 64.)

Solinus (Caius Julius), ce fameux compilateur de 96 auteurs et entre autres de Pline, dont il a été appelé le *Singe*, désigne clairement la soie sauvage dans les lignes suivantes, écrites en 230 de notre ère :

Seres cognoscimus; qui aquarum aspergine inundatis frondibus vellera arborum adminiculo depectunt liquoris et lanuginis teneram subtilitatem humore dornant ad obsequium. Hoc illuc est sericum.....

Comme ses prédécesseurs, il croit encore que la soie est un produit naturel de la végétation. Les poètes, naturellement moins exacts, acceptent tous cette théorie, ainsi qu'on le verra par les citations suivantes :

Quid nemora Aethiopum, molli canentia lana?
Vellera ut foliis depectant tenuia Seres?

(Virgile, Géorgiques, livre II, vers 120-121.)

Seres repetebant vellera lucis.

(Silius Italicus. Punic. Livre VI, vers. 4.)

Vellera depectit nemoralia vestifluus Ser.

(Ausone. Edyllia, Carmen 345 vers. 24.)

Vellera per sylvas Seres nemoralia carpunt.

(Festus Avienus. Orbis terræ descriptio.)

Enfin Claudius Claudianus qui illustra le règne de Théodose (346-395).

Jam parat auratas trabeas cinctus que micantes
Stamine : quod molli tondent de stipite Seres,
Frondea lanigeræ carpentes vellera sylvæ :
Et longum tenues tractus producit in aurum.

(Cl. Claudianus, Carmen I vers. 178.)

Ceci semble indiquer le ver sauvage des mûriers qui, encore aujourd'hui, couvre abondamment ces arbres d'une sorte de gaze de soie, ainsi que l'a observé en automne M. E. Rocher, aux environs du lac *Taï*, près de Hang-tchéou[1].

Au VIe siècle, Isidore de Séville[2] établit la différence entre le *Bombycinum*, qu'on faisait dans l'île de Cos, et qu'on a reconnu depuis peu être la soie du *Pachypasa otus*, ver vivant à l'état libre sur les cyprès, et le *Sericum* du pays des Sères. Il continue du reste la tradition quant à ces derniers :

Serica regio..... nobilibus fertilis frondibus, agris vellera decerpuntur quæ ceteris gentibus Seres ad usum vestium vendunt.

1. CHINA. IMPERIAL MARITIME CUSTOMS. II SPECIAL SERIES. SILK. Published by order of the Inspector general of Customs. Shanghaï, MDCCCLXXXI, p. 75.
2. *S. Isidori Hispalensis episcopi Etymologiarum* libri XX, 1580.

En somme, comme le fait remarquer le Colonel Yule[1], dans l'intervalle qui sépare Pline d'Ammien Marcellin, Pausanias, ayant sans doute été en contact avec des voyageurs qui avaient visité la Chine, a seul une idée plus juste. Il décrit en effet la soie comme tissée par des insectes que les Sères *élevaient dans ce but*. Ce serait donc lui qui le premier mentionnerait les vers à soie à l'état domestique.

Passant au moyen âge, nous arrivons aux premiers voyageurs européens ayant visité la Chine. En première ligne se trouve le fameux vénitien Marco Polo qui traversa, vers 1279, la partie du Chan-toung la plus renommée pour ses soieries. Il n'a pas manqué de parler des mûriers et de leurs vers à l'état domestique, mais il ne dit rien des vers sauvages du mûrier ou du chêne.

Odoric de Pordenone, qui traversa le même pays une cinquantaine d'années plus tard, confirme les dires de Marco Polo, touchant l'abondance de soie[2] qu'on y remarque, mais ne nous apprend rien de plus.

Nous cherchons en vain des éclaircissements sur notre sujet dans les voyageurs arabes. Ibn Batoutah semble cependant parler des vers à soie sauvages quand il dit : « La soie est très abondante en Chine... Les vers « qui la donnent... ne demandent pas beaucoup de soins. C'est pour « cela que la soie est en si grande quantité[3]. » Les missionnaires jésuites, ou les voyageures hollandais en Chine, eurent-ils connaissance du ver à soie du chêne dans la première moitié du XVIIe siècle ? Cela est d'autant plus probable que parmi les premiers se trouvaient des gens de science, très observateurs et qui publièrent les relations de leurs voyages ou même des livres spéciaux. Tel fut le père jésuite N. Trigault, de Douai, qui arrivé en Chine en 1610, mourut à Hang-tchéou, le 14 novembre 1628. Son ouvrage fait d'après les mémoires du P. M. Ricci date de 1615. Après lui, le P. Térence ou Terrentius, de son vrai nom Schreck,

1. Colonel H. Yule, *Cathay and the way thither*.
2. « En ceste cité a plus grant quantité de soye que en nulle autre du monde. »
3. Ibn Batoutah, *Voyages*, t. IV, p. 258.

originaire de Constance, arriva dans l'Empire du Milieu en 1621. Il fit un travail considérable sur la botanique chinoise, ainsi qu'il ressort de cette note du Père d'Incarville au mot Racine dans son Catalogue des plantes... « Je connais peu de drogues, il y a beaucoup de racines chez les dro- « guistes. J'en ai envoyé des échantillons en Europe, avec les autres « drogues que je ne connais pas. Mais M. Geoffroy à qui j'adressais ces « échantillons est mort, ainsi je ne sçai si je recevrai les éclaircissements « que je souhaitais avoir pour me mettre en état de traduire un herbier « chinois qui a été fait autrefois par un de nos missionnaires, fameux « médecin de Florence, nommé le Père Térence. Cet herbier me paraît « en bien meilleur ordre que tous les autres herbiers chinois. Il n'a pas « été imprimé. Il n'y a à Peking que trois exemplaires de ce livre dont « j'en ai un que j'ai fait copier. Il m'a couté bonne *(sic)*. Il est en seize « tomes. Les plantes y sont dessinées avec les couleurs[1]. » Un autre savant naturaliste, le P. Boym, parti pour les Indes en 1643, il arriva en Chine en 1650, revint en Europe en 1651 et retourna mourir dans sa mission en 1659. Mais l'ouvrage le plus considérable que nous possédions sur ce pays date de 1655. Il est l'œuvre du célèbre père Martin Martini. Arrivé en Chine en 1643, il parcourut la plupart des provinces et, revenu en Europe, il publia, à Amsterdam, en langue latine, son *Atlas Sinensis,* traduit presque aussitôt en français et en allemand. Ces éditions contiennent des erreurs dues aux traducteurs et qu'on attribua injustement à l'auteur. Ayant traversé la province du Chan-toung, il y vit sans doute les vers à soie sauvages du Chêne et voici ce qu'il en dit : « *Rarum est et omnino nimium quantum* « *beneficiæ in eam gentem naturæ beneficium, filum sericum ibidem in* « *arboribus ac campis sponte sua nasci, quod non a domesticis bombycibus,*

1. *Catalogue alphabétique des plantes et autres objets d'histoire naturelle en usage en Chine observés par le P. d'Incarville* dans MÉMOIRES DE LA SOCIÉTÉ IMPÉRIALE DES NATURALISTES DE MOSCOU, vol. IV, 1830, p. 26. Le manuscrit de la main du P. d'Incarville existe à la Bibliothèque nationale à Paris, collection Bréquigny, Chine, t. II, fol. 124 b, p. 10 du mémoire. Il est probable que, suivant son habitude, d'Incarville en avait envoyé une copie à l'Académie de Paris en même temps qu'à celle de Saint-Pétersbourg.

« *sed a vermibus contexitur erucis haud absimilibus, non in globum aut in* « *ovum ductum, sed in longissimum filum paulatim ex ore emissum, albi* « *coloris, quæ arbusculis dumisque adhærentia atque a vento huc illucque* « *agitata colliguntur, atque ex illis, uti ex vera bysso panni conficiuntur* « *serici, qui licet rudiores nonnihil sint serico domestico, firmitate tamen* « *ac robore superant.* » Plus loin, parlant de la province du Tché-kiang, il explique la manière de tailler les mûriers et corrige ainsi les dires des auteurs latins au sujet de la soie (sauvage) : « *Falsum ommino ac fabu-* « *losum sericum hîc omne a bombycibus in ipsis arboribus sponte sua absque* « *industria hominum ac labore produci*[1] ».

Il est assez probable que le papillon du ver à soie du chêne ait été rapporté en France par l'un de ces premiers missionnaires ; peut-être par le P. Boym qui fournit au P. Athanase Kircher pas mal de renseignements pour son ouvrage *China illustrata.* Voici ce qui nous paraît donner une base sérieuse à cette supposition. En 1878 nous avons eu la chance de trouver dans une bibliothèque à Chang-haï un vieux livre imprimé à Middelbourg en Hollande, en 1662, et traitant des métamorphoses des insectes. Or on y voit, page 44, une bonne gravure sur cuivre représentant, vu en dessous et en grandeur naturelle, un papillon femelle ressemblant entièrement à celle de l'*Antheræa Pernyi.* Le texte en face s'exprime ainsi : « *Experimentum vigesimum. Papilio in apposita tabula depictus,* « *Parisiis missus fuit ad authorem Metamorphosis Naturalis, ob excellentem* « *pulchritudinem ac ingentem magnitudinem qua longè omnes alios ante* « *commemoratos excedit; cum in finem ut originem ejus data occasione* « *indagaret. Deprehensus fuit in horto regio, traditus que nobilissimo D.* « *Borelio apud Galliæ regem Illustriss. Ord. fœderali Belgii legato qui* « *eum huc transportari curavit*[2]. »

L'ambassade hollandaise de Pieter van Goyer et Jacob van Keyser qui

1. *Novus Atlas Sinensis* a Martino Martinio Soc. Jesu. Descriptus et Seren. Archiduci Leopoldo Guilielmo Austriaco dedicatus. Amsterdam, Blaeu, 1655.

2. *Metamorphosis et Historia naturalis Insectorum* autore (*sic*) Joanne

traversa la Chine de Canton à Peking en 1656 et 1657, gardée à vue par son escorte, ne put presque rien voir. Le récit de ce voyage fut publié en 1665 par Nieuhoff, le maître d'hôtel de l'ambassadeur, qui, fort peu scientifique, emprunta à Martini presque tout ce qu'il rapporte d'intéressant. Nous en avons une preuve évidente dans les lignes suivantes au sujet des vers à soie de la province du Chan-toung : « C'est une chose rare et qui « va même jusque dans l'excès et un témoignage que la nature est fort « prodigue envers cette nation en ce que la soie y croît d'elle-même dans « les arbres et dans la campagne sans être filée par des vers à soie domes- « tiques, mais par d'autres qui ne ressemblent pas mal aux chenilles ; ils « ne la tirent pas en rond ni en ovale, mais bien à fil très long, qui sort « peu à peu de leur bouche : cette soie est fort blanche : le fil s'attache aux « arbrisseaux et aux buissons et poussée d'un côté et d'autre par le vent, « on l'amasse et on en fait des draps de soie comme si c'était véritable- « ment du fin lin, et bien qu'ils soient un peu plus gros que ceux qui sont « faits de soie filée dans la maison, si est-ce qu'ils sont plus serrés et plus « forts[2]. »

Le Père Dentrecolles, arrivé en Chine en 1699 et mort en 1741, envoya de Peking un mémoire, traduit du chinois, sur la manière d'élever les vers à soie que l'on trouve reproduit dans Du Halde[3]. Celui-ci, écrivant d'après les lettres de vingt-sept missionnaires, dont le premier est Martin Martini, raconte, presque exactement dans les mêmes termes que lui, ce qui concerne les vers à soie sauvages. Il nous apprend cependant, d'après Dentrecolles, le nom chinois des soies qu'on en tire à savoir *Kien tcheou*. « Elles forment, dit-il, un article important de commerce « bien que ceux qui ne connaissent pas les soies les prendraient pour du « linge grossier ou une espèce de droguet fort commun, de couleur grise « supportant parfaitement le lavage. Elles sont très employées par suite, « malgré leur pauvre apparence, pour le vêtement de toutes les classes de

Gœdartio cum commentariis D. Joannis de Mey ecclesiastis. Mediolurgi Zelandorum, 27 januarii 1662.

2. *L'Ambassade de la Compagnie orientale des Provinces Unies vers l'Empereur de la Chine*, etc..., par Jean Nieuhoff. Leyde, 1665, p. 166.

« la société. Les vers qui les produisent sont sauvages et mangent indifféremment les feuilles du mûrier ou d'autres arbres[1] ». Cette dernière assertion est une erreur car il s'agit là, sans aucun doute, des vers à soie de l'ailante et de leurs produits, comme nous le verrons plus loin, ils ne mangent pas de feuilles de mûrier.

Il nous faut attendre jusqu'à l'arrivée du Père d'Incarville à Peking en 1740 pour avoir des renseignements plus détaillés sur les vers à soie sauvages habitant la région et dont il distingue deux espèces à savoir ceux vivant sur le chêne et ceux mangeant les feuilles du frêne ou du Fagara. On voit par ses divers mémoires qu'il en fit lui-même des éducations. Il les observa aussi sans doute dans les jardins du palais impérial, car l'empereur Kang-Hsi s'intéressait beaucoup à toutes les questions scientifiques et nous savons par d'Incarville qu'il fit faire des éducations de vers à soie sauvages sur les chênes de la Mandchourie. Dès 1740 d'Incarville, sollicité d'ailleurs par les savants européens, envoyait des communications sur l'histoire naturelle à messieurs les membres de l'Académie de Paris et de Saint-Pétersbourg. Elles furent toujours envoyées en double, souvent même en triple expédition, pour s'assurer contre les chances de pertes. En 1740, il envoya au Cardinal de Fleury un long mémoire dont l'original paraît avoir été perdu. Le père Cibot, qui en avait eu communication, en publia une analyse, vingt ans après la mort de l'auteur, dans le second volume du grand ouvrage des missionnaires de Peking[2] qui parut en 1776. En même temps qu'il envoyait ce travail, d'Incarville faisait parvenir aussi à M. Bernard de Jussieu, un herbier contenant une importante collection de plantes chinoises dont un bon nombre étaient nouvelles pour la science. Elles ne furent malheureusement pas déter-

1. J. B. Du Halde, S. J., *Description géographique, historique, etc..., de l'Empire de la Chine et de la Tartarie chinoise.* Paris, MDCCXXXV, vol. I et II, pp. 207-208-217.

2. *Mémoires concernant l'Histoire, les Sciences, etc... des Chinois,* par les missionnaires de Peking. Paris, 1776-1814, 16 vol. in-4, vol. II, p. 575 à 598 et 601.

Le mémoire de d'Incarville sur les Vers à soie sauvages parut aussi au

minées et cet herbier, légué au Muséum par les héritiers de la famille de Jussieu, ne fut étudié qu'en 1882 par notre ami M. Franchet, qui y trouva les types primitifs de plantes décrites en 1832 par Bunge. Cet herbier qui était accompagné d'un certain nombre de peintures de plantes et d'animaux exécutées en Chine s'en trouva séparé au moment de la vente de la bibliothèque de B. de Jussieu en 1858[1]. Nous n'avons pu découvrir ce qu'elles étaient devenues. D'Incarville envoya aux académiciens de Saint-Pétersbourg un travail fort intéressant sur les plantes et divers animaux de la Chine. Il est sous forme de catalogue alphabétique et parut en 1830 dans les *Mémoires des naturalistes de Moscou*[2]. La copie de sa main, transmise à Paris, suivant l'excellente habitude du patriotique missionnaire, se trouve dans les manuscrits de la Bibliothèque nationale[3]. Il y complète ses premières observations; en effet, dans son mémoire au Cardinal de Fleury, il n'avait parlé que d'une espèce de chêne nourrissant les vers à soie sauvages, maintenant il en cite deux : « *Chesne :* On trouve à Peking quelques chênes à grandes feuilles. L'espèce « sur lequel on nourrit les vers sauvages du *Kien tcheou* a les feuilles assez « semblables aux feuilles du châteigner. Ces mêmes chenilles mangent « aussi les feuilles de l'autre espèce. Le papillon de cette chenille est celui « dont les ailes sont jaunâtres. L'autre espèce se nourrit sur une espèce « de frêne que les chinois nomment *Tcheou tchoun*. Elle mange aussi des « feuilles d'orme et de Fagara qui est le poivrier de la Chine. » Dès le début il avait envoyé dans ces lettres les ailes de ces papillons.

Mortimer, le secrétaire de la société royale de Londres, était comme les savants russes et français en correspondance avec nos missionnaires de

supplément du livre que Stanislas Julien publia en 1839 résumant les principaux traités chinois sur la culture du mûrier et l'éducation des vers à soie.

1. Sommervogel, *Bibliothèque de la Compagnie de Jésus,* article d'Incarville, p. 561.

2. *Catalogue alphabétique des plantes et autres objets d'histoire naturelle en usage en Chine,* observés par le P. d'Incarville. Mémoires de la Société impériale des naturalistes de Moscou, vol. IV, p. 26, 1830.

3. Bibliothèque nationale, manuscrits. Collection Bréquigny. Chine, t. II, fol. 154, p. 10.

Peking. Dans une lettre en date du 5 février 1746 il avait demandé au P. d'Incarville de lui envoyer des échantillons des papillons, insectes, coquilles du pays[1]. En réponse, le savant jésuite lui expédia diverses choses. Une lettre latine du P. Gaubil adressée à Birch, successeur de Mortimer, en 1752 nous apprend que l'année précédente (1751) d'Incarville avait envoyé à Mortimer : « *cistellam papiliones et bombycum* « *agrestium ova et opera continentem*[2] ». Birch en accusa réception en latin, avec de grands remerciements, par lettre datée du 10 ou 11 décembre 1752. D'Incarville avait aussi envoyé aux savants de la Société royale de Londres un mémoire sur le *Kien tcheou* qu'il leur avait promis dans une lettre encore inédite datée de Peking 21 décembre 1752[3]. On trouve encore une communication du même père sur les plantes, les arbres, etc., de la Chine imprimée dans les *Philosophical Transactions of the Royal Society of London*, 1653, vol. XLVIII, p. 253 à 260. Cette correspondance de d'Incarville avec les savants anglais a échappé à notre ami Henri Cordier, l'auteur si distingué de la *Bibliotheca Sinica*, mais a été signalée par un article du P. J. Brucker qui parut en avril 1885 dans la *Revue des Questions historiques*, p. 535[4]. On peut donc dire avec Pauthier que c'est au P. d'Incarville que l'on doit la première connaissance à peu près exacte des vers à soie sauvages du chêne et de l'ailante.

Près d'un demi-siècle s'écoule sans qu'on s'occupe de ces vers. Ce n'est qu'en 1829 que nous voyons MM. Lamarre, Picquot et Perrottet

1. On trouve la mention de cette lettre de Mortimer dans une lettre du P. Hallenstein de Peking au même Mortimer en date du 18 septembre 1750 et qui est imprimée dans les PHILOSOPHICAL TRANSACTIONS OF THE ROYAL SOCIETY OF LONDON, 1751, p. 319 à 323. Elle comprend une liste des objets envoyés.

2. Cf. Manuscrit n° 4308, p. 45, British Museum.

3. *Ibid.*, n° 4439, p. 198.

Nous devons ces renseignements, relatifs à la correspondance des missionnaires de Peking, à l'extrême complaisance du Révérend Père J. Brucker, S. J., rédacteur aux *Études religieuses* à Paris.

4. Il avait déjà paru dans THE MONTH, July 1881, sous le titre *A scientific correspondence in the last century*. J. Brucker S. J., pp. 428-436.

reprendre cette étude et recueillir plusieurs espèces. On n'était guère avancé cependant en 1842, car à cette date nous trouvons Lesser et Lyonnet rééditant dans leur *Théologie des insectes* les dires des premiers missionnaires. « On trouve actuellement en Chine, dans la province de « Canton, des vers à soie à l'état sauvage qui, sans qu'on prenne d'eux « aucun soin, font dans les bois une sorte de soie que les habitants « ramassent ensuite sur les arbres. Elle est grise sans brillant et sert à « faire une étoffe très épaisse et très forte qu'on appelle *kien tcheou*. On « peut la laver comme l'étoffe de lin et elle ne prend point les taches. » Un naturaliste anglais E. Donovan a traduit cette citation, pourtant peu scientifique, dans son bel ouvrage, paru la même année 1841, sous le titre *Natural history of the insects of China*.

Dans son livre paru en 1839, résumant les principaux traités chinois sur la culture des mûriers et l'éducation des vers à soie, Stanislas Julien parle des vers élevés au Se-tchouan sur les arbres *Tchou* qui, ayant commencé à manger des feuilles de cet arbre, ne peuvent plus manger celles du mûrier.

Il y a là une allusion évidente au ver de l'ailante (*Tchou*) et une erreur, car ce ver ne mange jamais, à notre connaissance, de feuilles de mûrier.

Nos missionnaires continuent leurs recherches dans le pays lui-même. Le Père J. Bertrand des Missions étrangères, résident au Se-tchouan, dès 1833, y découvrit, en 1837, dans un arrondissement limitrophe du Kouéï-tchéou, l'élevage des vers à soie du chêne. Il en rend compte à ses confrères de Paris dans une lettre écrite de la ville de *Tchoung-king-fou* en date du 19 juillet 1842. Elle est publiée l'année suivante dans les *Annales forestières*, 1843 (vol. II, p. 644-5), puis abrégée dans le *Journal d'agriculture pratique*, 2e s., t. I, p. 277 ; dans la *Chine moderne* de Bazin (vol. II, p. 583-4). Nous l'avons encore retrouvée traduite en anglais en 1871 dans le *Journal de la société linnéenne* de Londres, au cours d'un article du botaniste Dr H.-F. Hance sur les chênes chinois [1]. « Le gouver-

1. Journal of the Linnean Society of London, 1871, vol. XIII, p. 7.

« nement français, y est-il dit, semblant s'intéresser aux vers à soie du « chêne dont je vous ai déjà parlé, je crois, il y a quelques années déjà, « je pense que vous serez bien aises d'en apprendre plus long à ce « sujet. »

L'attention du gouvernement se trouvait en effet attirée vers ces questions ; aussi, profitant du départ de l'ambassade de M. de Lagrené pour la Chine en 1844, il la compléta par une mission commerciale de six membres délégués par les ministères du commerce et des finances. Parmi eux se trouvaient MM. Natalis Rondot et Isidore Hedde plus spécialement chargés de l'étude des laines et des soies. Pendant près de trois ans, ils parcoururent plusieurs provinces de l'Empire chinois, recueillant une abondante moisson de documents nouveaux sur les vers à soie domestiques et sauvages, et provoquant de nouvelles études dans ce sens de la part de nos missionnaires catholiques. C'est ainsi que Mgr de Bésy, vicaire apostolique du Chan-toung, signale à M. Natalis Rondot l'existence dans cette province de vers à soie vivant à l'état sauvage sur les mûriers non cultivés, et voici la note qu'il lui remit au sujet des autres vers sauvages. « En mémoire du R. P. d'Incarville j'ai interrogé plusieurs fois les Chi- « nois au Chan-toung sur les vers à soie qui vivent sur le *tcheou-tchoun* « et le *hoa-tsiao*. La réponse fut toujours que ces chenilles sont de même « source. Je ne les ai pas vues. On m'a dit que la chenille du *hoa-tsiao* « ne se rencontre dans la province que dans une petite localité écartée « *(Lao-shan)* et que la chenille du *tcheou-tchoun* est assez commune, sans « qu'on fasse commerce de sa soie. Ces chenilles sont, ont dit les Chi- « nois, de ces chenilles sauvages qu'on gouverne à demi [1]. »

Nous avons cité cette note in extenso parce qu'elle établit, pour la première fois, que la chenille vivant sur l'ailante *(tcheou-tchoun)* est bien la même que celle qui mange les feuilles du Zanthoxylum *(hoa-tsiao)* et qu'elle est à demi sauvage. Elle nous fixe encore sur la localisation de cette dernière.

à 11. *On chinese silkworm-oaks.* H. F. Hance. Dans cet article, Hance écrit par erreur *Thong kin fou* pour le nom de la ville.

1. Natalis Rondot, *loc. cit.*, vol. II, p. 83.

Un autre évêque missionnaire, Mgr Verrolles de Mandchourie, informait aussi en 1845 M. Natalis Rondot de l'existence, au *Liao-toung*, d'un ver à soie sauvage à petit cocon blanc vivant sur les mûriers, et des éducations des vers du chêne dans cette province.

En 1845, dans la province du Tché-kiang, MM. N. Rondot et Hedde purent recueillir, à quelque distance de Ningpo, dans la direction de *Chang-yu*, sur des mûriers sauvages, de petits cocons de vers à soie sauvages, dont l'existence leur avait d'ailleurs été signalée par le consul d'Angleterre, Robert Thom. D'après leur forme et leur couleur, ces cocons appartenaient à l'espèce *Theophila*, mais il fut impossible de déterminer exactement leur nom, faute d'avoir pu se procurer les vers et les papillons. M. Hedde obtint aussi, dans la province de Canton, des cocons de plusieurs autres espèces de vers à soie sauvages vivant sur divers arbres, mais l'absence des papillons ne permit pas non plus de reconnaître quels vers les avaient tissés. Ces Messieurs achetèrent encore à Chang-haï et rapportèrent en France des cocons et des soies des vers sauvages du mûrier, mais surtout du chêne, tirés des provinces du Se-tchouan, du Koueï-tchéou et du Chan-toung. Ils furent déposés par eux dans le musée de la Chambre de commerce de Lyon, dont ils étaient les délégués. M. J.-H. Major, un inspecteur des soies anglais, en visitant cette collection en 1849 reconnut l'identité de ceux du chêne avec ceux qu'il avait étudiés au nord de la Chine. Dans une lettre à ce sujet adressée par lui à la Chambre de commerce de Chang-haï en 1864, il émet l'opinion que ces cocons devaient être ceux que les missionnaires de Peking avaient envoyés en France cent ans auparavant (1740) [1]. Les soies grèges du chêne avaient été achetées à Chang-haï au prix de 100 dollars le *picul*, soit 9 fr. 40 les cent kilogrammes. Ce furent là, croyons-nous, les premiers échantillons commerciaux de ces soies que l'on reçut en Europe. En 1849, à la demande de M. I. Hedde, le père J. Bertrand envoie à celui-ci des renseignements complétant ce qu'il avait déjà écrit à ses confrères sur ce sujet

1. J. H. Major, *Letter to the Secretary of the chamber of commerce of Shanghaï*, 2 déc. 1864.

en 1837. Ces lettres furent reproduites dans la *Gazette de Lyon* et le *Courrier de la Drôme* du 6 juin 1849, puis dans le *Journal d'Agriculture pratique*[1].

Chang-haï continuait à envoyer quelques balles de ces soies en France où, en 1850, MM. Broutin et Laboré de Paris arrivèrent à les blanchir suffisamment pour les teindre ensuite en couleurs claires ou foncées[2].

L'attention est désormais éveillée et l'année 1850 voit plusieurs personnes s'occuper en même temps des vers à soie du chêne et s'efforcer de les introduire en Europe. A Peking, le consul de Russie, M. Skatchkoff, fait quelques éducations et envoie à Pétersbourg une notice sur les arbres avec lesquels on nourrit les vers du chêne et de l'ailante. M. P. Perny, prêtre de la Congrégation des missions étrangères au Se-tchouan, envoie à un de ses amis de Lyon, M. Roux, un premier lot de 500 cocons du chêne. Les précautions étaient mal prises et la chaleur des mers de l'Inde fit éclore en route presque tous les papillons. Quelques cocons seulement arrivèrent encore vivants à Lyon, où M. Guérin-Méneville put recueillir les papillons qui lui servirent à décrire ce bombyx qu'il nommait, en 1851, *Bombyx* ou *Saturnia Pernyi*, en l'honneur du missionnaire qui le premier avait réussi à en faire parvenir des cocons vivants en France. M. de Montigny, consul de France à Chang-haï, avait bien envoyé à Paris, un peu avant Perny, des cocons de vers du chêne qu'il avait reçus de Mgr Verrolles, évêque de Mandchourie, mais ils avaient été oubliés au Ministère du Commerce, et toutes les chrysalides étaient mortes quand M. Guérin-Méneville les y découvrit en 1850.

En 1851 également, un religieux franciscain italien avait envoyé du Chan-toung au roi d'Italie Victor-Emmanuel, à Turin, des cocons vivants du Bombyx du chêne avec des flottes de soie grège et des étoffes tissées de sa soie. On obtint des éclosions et on baptisa l'insecte *Bombyx Fantoni*, nom sous lequel il est encore connu en Italie. En 1856 ce mis-

1. Journal d'agriculture pratique, 2e S., t. I, p. 277.
2. Cf. Natalis Rondot, *L'art de la soie. Les Soies*, 2e édition, 1887. Paris, t. II, p. 25.

sionnaire fit un nouvel envoi de cocons, soies grèges et ouvrées qui prit place à l'exposition universelle de Turin. Les éducations ayant également réussi, le gouvernement italien conféra, en récompense de ses services, le titre de chevalier des ordres de Saint-Maurice et Saint-Lazare au P. Fantoni. Celui-ci envoya aussi des cocons de vers à soie du chêne à la Société zoologique d'Acclimatation, qui venait de se fonder à Paris en 1874 et qui en remerciement lui conféra le titre de membre à vie. Cette société s'occupa alors activement de l'introduction en France de cette espèce séricigène et publia plusieurs mémoires à ce sujet. L'un d'eux, fait par M. Guérin-Méneville, nous apprend, en 1855, que les soies du chêne de Chine entrent définitivement dans la fabrication. On est arrivé à les blanchir par un procédé spécial ce qui permet de leur donner les couleurs les plus tendres. Entre autres tissus, on en fabriquait des peluches et des velours d'une grande beauté, imitant fort bien la peau de loutre. Ces tissus figurèrent avec succès à l'exposition universelle de Paris, cette même année 1855.

En Russie, on s'occupait aussi de cette question soulevée, comme nous l'avons vu, par le consul russe Skatchkoff. En 1857, MM. Gaschkewitz et Motschulsky faisaient paraître un mémoire *sur la Sériciculture en Chine*, en partie extrait des livres chinois[2]. « Ils racontent l'introduction « des vers à soie du chêne, qu'ils nomment *Saturnia*, dans la province de « *Schan-se* (Chan-si) au district de *Ning-Tsjau* (*Ning-Tchéou*) sous le règne « de Kangsi (Kang-hsi, 1662 à 1723) par le gouverneur *Liou* qui les fit « venir, avec un sériciculteur, de la province du *Schan-Dün* (Chan-toung). « Il réussit à doter le Shansi de cette industrie et, en reconnaissance, les « habitants donnèrent son nom aux étoffes de soie du chêne en les appe- « lant *Liou-goun-tchou* (*Liou-Koung-tchéou*), c'est-à dire soieries non lus-

1. Bulletin de la Société impériale zoologique d'acclimatation, 1857, vol. IV.

2. *Sur la sériciculture en Chine*, par MM. Gaschkewitz et Motschulsky dans Études entomologiques, rédigées par Victor de Motschulsky. Helsingfors, 1857. Ce livre, qui a échappé à M. N. Rondot, me fut prêté à Chang-haï en 1878 par M. le consul russe Skatchkoff.

« trées de *Liou*. Mais après sa mort, l'élevage des Saturnia tomba en « décadence, et ce ne fut qu'en la neuvième année du règne de Kien-loung « que cet empereur fit écrire et publier l'ancienne manière d'élever ces « vers, tel que cela se pratique au Chan-toung, et ordonna d'en introduire « à nouveau l'industrie au Chan-si (1745). Vers 1829, l'*An-cha-ssu* ou « juge provincial de la ville de *Gui Dschau (Kouéï-tchéou ?)*, représenta « à l'empereur (qui était alors Tao-Kouang) que plusieurs parties du « Chan-si étant peu favorables à l'agriculture, en raison des montagnes « qui les traversent, on pourrait les utiliser avec avantage pour la séri-« ciculture. Dans ce cas, il faudrait faire venir (du Chan-toung) des se-« mences du chêne *Siau-schou (Siao-chou)* et les distribuer aux pay-« sans pour ensemencer ces localités. Puis, lorsque les arbres auraient « atteint un certain âge, on pourrait donner aux paysans de la graine de « vers à soie sauvages et créer ainsi une nouvelle industrie dans ce pays « appauvri. La proposition fut acceptée et alors l'élevage des vers à soie « sauvages fut introduit de nouveau dans la province de Chan-si. Un séri-« ciculteur chinois publia vers la même époque l'instruction suivante pour « servir à la culture des vers à soie des montagnes dont les cocons ont « été ramassés dans les forêts..... »

Motschulsky comparant le papillon du ver à soie de l'ailante au *Saturnia Cynthia* de Drury établit des différences, comme nous le verrons dans la partie purement entomologique de ce travail. En conséquence, il le nomme *Saturnia Ailanti*. Il propose aussi le nom de *Saturnia piperita* pour le ver à soie, encore inconnu à cette époque, du Zanthoxylum et qu'on croyait alors une espèce spéciale.

Pendant qu'on s'occupait ainsi en France et en Russie de l'étude scientifique et de l'acclimatation des vers sauvages du chêne et de l'ailante, nos missionnaires catholiques, stimulés, sans doute, par nos savants d'Europe, continuaient à faire des recherches dans le pays d'origine. En 1857, Mgr Verrolles, évêque de Mandchourie, publiait un article « Sur le ver à soie sauvage du chêne de la Mandchourie[1]. »

1. Natalis Rondot, *loc. cit.*, vol. II, p. 130.

L'année suivante, M. Paul Perny, alors au Kouéï-tchéou, envoyait à la Société d'Acclimatation une « Monographie du ver à soie du chêne au Kouéï-tchéou[1], » qui fut publiée dans son bulletin à la suite de renseignements sur le même sujet dus au P. J. Bertrand, déjà cité.

Sur ces entrefaites, à la suite des hostilités entre la France, l'Angleterre et la Chine, cette dernière avait dû céder à la force et consentir par le traité de Tien-tsin (1858), puis par la convention de Peking (1860), l'ouverture au commerce étranger des ports des provinces du nord *Niou tchouang* (Newchwang) et *Tché-fou* (Chefoo) en 1858 et *Tien-tsin* en 1860. Les deux premiers étant situés respectivement au Ching-king (Mandchourie) et au Chan-toung, deux provinces grandes productives de soies sauvages du chêne, cela permit dès lors au commerce européen de s'approvisionner abondamment de ces soies dont on chercha aussitôt à populariser l'emploi en France et en Angleterre.

Les consuls et missionnaires anglais s'installèrent dans ces ports : doués des aptitudes spécialement commerciales de la nation britannique, les uns et les autres firent bientôt parvenir, qui à leur gouvernement, qui à leurs sociétés savantes, des rapports intéressants sur la question des vers à soie sauvages du chêne ou de l'ailante. Les commerçants anglais établis à leur suite dans ces ports prenaient même des précautions particulières pour faire parvenir en Angleterre des cocons vivants de ces vers, ainsi qu'en témoigne cette inscription naïve, malicieusement relevée par John Scarth dans son livre *Twelve years in China*, Édimbourg, 1860, qu'il avait trouvé inscrite sur une caisse desdits cocons embarquée sur un vapeur : « *Must be kept far from the engines, this box contains savage worms*[2]. »

Quant aux rapports des consuls et missionnaires anglicans, voici les plus importants, par dates chronologiques :

1. Bulletin de la Société zoologique d'acclimatation, 1re S., t. V, 1858, p. 317 à 322. *Ibid.*, 1re S., t. V, 1858, p. 272 à 278.

2. Ceci fait en effet un mauvais calembourg, le mot anglais *savage* signifiant insoumis, non civilisé, le commerçant, illettré évidemment, aurait dû écrire *wild*.

1° T. Taylor Meadows, en 1865, consul d'Angleterre à Niou-tchouang, donne, dans son rapport sur le commerce de son district, des notes fort intéressantes sur les vers à soie vivant à l'état libre sur les chênes dont il décrit le premier trois espèces, reconnues par M. Bretschneider pour être les *Quercus dentata, Q. Mongolica* et *Q. aliena*. Il dépeint aussi le papillon et son cocon et nous apprend qu'il est bivoltin [1].

2° L'année suivante, le docteur et missionnaire anglais D. B. M[c]. Cartee, après un court séjour dans le port de Tché-fou, où il avait examiné les papillons chez les éleveurs, publia un article intitulé « *On some wild silkworms of China.* » Il y mentionne, d'après les Chinois, trois espèces de soies fabriquées au Chan-toung avec des cocons de vers sauvages, à savoir la soie du chêne, celle de l'ailante et celle du mûrier. Il parle de deux espèces d'ailante confondant l'ailante glanduleux avec le *Cedrela* chinois qui lui ressemble beaucoup à première vue. Il ne peut arriver à reconnaître exactement le ver du chêne. N'ayant avec lui qu'une édition populaire des « *Jardine's Naturalist library,* » où est seulement décrit et figuré le *Bombyx mylitta* de l'Inde, il le confond avec celui du chêne du Chan-toung et avance par suite, à tort, que ce dernier mange aussi, comme celui de l'Inde, les feuilles du *Rhamnus jujuba* (pour *Zizyphus*) et du *Terminalia alata var. glabra*, qui n'existe pas dans la Chine du nord. Il réussit mieux dans l'identification du ver de l'ailante qu'il appelle *Saturnia Cynthia* avec justesse. Il confirme aussi le fait avancé par les Chinois, puis par le P. d'Incarville et Mgr de Bésy, à savoir que cette chenille mange aussi les feuilles du *Zanthoxylum*. Il dit encore comme le P. Bertrand et P. Perny que l'on n'utilise pour l'élevage que des jeunes chênes de trois ou quatre ans [2].

Un autre missionnaire protestant, le D[r] A. Williamson, qui a résidé

1. T. T. Meadows. — *Commercial report on the consular district of Newchwang* for 1865, dans COMMERCIAL REPORTS FROM HER MAJESTY'S CONSULS IN CHINA AND JAPAN, 1865, p. 251-284.

2. Doctor D. B. M[c]. Cartee. *On some wild silk worms of China* dans JOURNAL OF THE NORTH CHINA BRANCH OF THE ROYAL ASIATIC SOCIETY, new series, n° III. Shanghaï, 13 april 1866.

plus de vingt ans au Chan-toung et l'a parcouru en tous sens de 1860 à 1879, appelle aussi l'attention sur les vers à soie sauvages du chêne et de l'ailante, dans un article publié en 1867 par la branche chinoise de la Société royale asiatique, sur les productions de cette province. Il en reparlera un peu plus tard dans le récit de ses voyages imprimé en deux volumes à Londres en 1870[1].

Trois consuls anglais qui se succèdent à Tché-fou, MM. Chaloner-Alabaster (aujourd'hui Sir), Oxenham et Markham, parcourent eux aussi la province et apportent de nouveaux documents à l'histoire des vers à soie sauvages, établissant exactement la liste des localités où existent cette industrie et les plantations de chênes et d'ailantes. Leurs rapports parurent respectivement en 1867 et 1869 dans les documents officiels anglais déjà cités ou dans le journal de la Société asiatique de Chang-haï[2].

Grâce aux spécimens reçus de Chine, puis élevés en France, Guérin-Méneville peut, en 1869, publier un opuscule sur les vers sauvages du chêne, et décrire exactement le papillon qu'il nomme *Bombyx Pernyi*.

En 1870 et 1871, on expédiait de Chine en Europe de grandes quantités de graines de vers à soie. La France et l'Italie avaient envoyé dans le pays même des experts en élevage, dits graineurs, chargés d'acheter, tant en Chine qu'au Japon, ce qu'on appelle les cartons de graines. Un graineur Italien nommé Balabio, qui parcourait la province du Chan-toung observa fort attentivement l'élevage des vers à soie du chêne et publia dans deux journaux anglais de Chang-haï, en mars et avril 1871, le résultat de ses observations[3] qui cadre presque exactement avec l'analyse

1. Doctor A. Williamson. *Notes on the Productions chiefly mineral of Shantung*. JOURNAL OF THE N. C. B. R. A. S., new series, n° III. Shanghaï, December 1867, et *Journeys in North China, Mandchuria and Eastern Mongolia*. London, 1870.

2. PARLIAMENTARY BLUE BOOKS. COMMERCIAL REPORTS, etc., 1867-1869; et JOURNAL OF THE N. C. B. R. A. S., 1869-1870, new series, n° VI.

3. A. B. (Balabio) Bombyx Pernyi. *Notes on the practical system followed in the province of Shan-tung for the cultivation of the B. Pernyi*, dans NORTH CHINA HERALD, 31 march 1871, et NORTH CHINA DAILY NEWS AND SUPREME COURT AND CONSULAR GAZETTE, 5 april 1871.

du mémoire du P. d'Incarville publié par le P. Cibot. Ce fut lui qui envoya sans doute à Turin les œufs et cocons dont nous allons parler.

Le révérend P. de Marchi, missionnaire franciscain au Chan-toung[1], nous remit à Tché-fou, en 1873, une brochure, parue l'année précédente à Turin, sous la signature de MM. Comba et Boraldi[2], et qui semble avoir échappé aux recherches bibliographiques de M. N. Rondot. Il y est dit qu'en 1870 on reçut de Chine des œufs et cocons de B. Pernyi. On en fit des éducations au parc de la Mandria, dont le roi avait gracieusement prêté une partie dans ce but. En 1871, on étudia l'éclosion des cocons et M. Comba remarqua la façon dont les papillons opéraient pour en sortir sans briser les fils de soie. Il ne vit pourtant pas l'ouverture ménagée dans le cocon et que nous fûmes, croyons-nous, le premier à signaler dans notre article sur les vers à soie sauvages du Chan-toung, paru à Hong-kong en 1877 dans la *China Review*.

Au point de vue industriel, on n'était pas resté inactif en Europe, et on s'était ingénié, tant en France qu'en Angleterre, à utiliser, pour le vêtement, l'ameublement et la passementerie, les soies grèges du chêne. MM. Durand frères, fabricants à Lyon, en avaient fait venir une certaine quantité dès 1860, et en 1868, après de nombreux essais, ils avaient réussi à blanchir suffisamment ces soies pour pouvoir leur appliquer des couleurs variées. Cela leur permit d'en confectionner des étoffes de différents genres, qui eurent alors une grande vogue sous le nom de soies *tussah*[3], nom d'origine indienne mais appliqué aujourd'hui aux soies sauvages de l'Inde et de la Chine, comme aussi celui de Pongées d'origine chinoise. L'Angleterre employait alors plus spécialement la soie du chêne à fabriquer des étoffes de peluche ou de velours, imitant la peau de loutre ou de veau marin et appelées de là *Seal-cloth*.

1. Aujourd'hui évêque de Sura, vicaire apostolique du Chan-toung septentrional.

2. B. Comba et G. Boraldi.— *Experimenti alla Saturnia Pernyi*. Torino, 1872,

3. On trouve aussi *tusseh, tussaï, tusar* et *tussore* noms de la soie sauvage de vers sauvages de l'Inde et dérivant de l'hindoustani *tusuru* qui veut dire navette, N. Rondot. *loc. cit.*, t. II, p. 25.

L'attention étant ainsi éveillée sur cette nouvelle branche d'industrie, la Société d'acclimatation encouragea les éducations et les recherches sur l'utilisation pratique de ces soies. Elle décerna plusieurs récompenses dans ce but. M. Guérin-Méneville reçut une grande médaille d'or pour ses essais sur le dévidage des cocons ouverts des vers sauvages. Mme la Comtesse de Corneilhan en reçut une également, pour ses procédés de dévidage des cocons des vers du ricin et de l'ailante. Le Docteur Forgemol inventa lui aussi un moyen de dévider tous les cocons ouverts par l'éclosion, au moyen d'olives en caoutchouc montées sur des aiguilles tournantes. En 1862, l'empereur Napoléon III accorda même la croix de la Légion d'honneur à M. Aubenas de Loriol, habile filateur de la Drôme pour avoir, par des procédés très simples et des plus économiques, obtenu avec les cocons ouverts du *Bombyx arrindia* et du *Saturnia cynthia*, des soies grèges et moulinées qui furent très admirées.

En 1866 le Vicomte Léon de Milly, au château de Caneux, près Mont-de-Marsan, reçut une médaille de bronze pour avoir cultivé avec grand succès l'ailante et son ver à soie. Une société fut même fondée sous le nom de l'*Ailantine*, mais elle sombra, la gelée ayant tué tous les vers.

Aujourd'hui l'ailante et son papillon séricigène sont si bien acclimatés que l'on voit souvent ses cocons pendre aux branches des ailantes des boulevards de Paris où le papillon est bien connu. Ils proviennent probablement des éducations à l'air libre qu'en fit dès 1858 M. H. Givelet à son château de Flamboin près Paris. Il les tenait lui-même de MM. Griseri et Colomba de Turin, auxquels ils avaient été envoyés, du Chan-toung, par le Père Fantoni. A la suite de ces essais, M. H. Givelet publia, en 1866, un ouvrage rempli de faits intitulé l'*Ailante et son bombyx*, en vue de faire de ce séricigène une exploitation régulière. Il fournit aussi en 1869, 1870 et 1874 divers articles au Bulletin de la Société d'acclimatation, touchant la construction des cocons des principaux Attacus[1]. Le ver du chêne fut aussi élevé avec succès et en plein bois de chênes, entièrement

1. Bulletin de la Société zoologique d'acclimatation, 2e S., t. VI, 1869 ; t. VII, 1870 ; 3e S., t. 1, 1874.

à l'air libre, en France (en Meurthe-et-Moselle, Seine-et-Oise et Cantal) et en Espagne (Guipuzcoa). On a réussi également en Angleterre sur les chênes du pays[1]. Mais le prix de revient de ces éducations était trop élevé pour lutter avantageusement avec le prix très bas de la main d'œuvre en Chine et ces essais n'eurent pas un succès industriel. On abandonna l'idée d'exploiter en Europe la soie des vers sauvages, voire même le dévidage des cocons venus de Chine qu'on avait entrepris en 1864, puis en 1876, dans les Cévennes et dans l'Isère.

En 1873 nous arrivions au Chan-toung, où il nous fut donné de résider quatre ans et demi. Nous mîmes à profit ce long séjour pour y entreprendre l'étude des vers à soie sauvages, tant par l'observation directe que par la lecture des livres techniques chinois. Nous fîmes également rédiger par un lettré un mémoire sur cette question. Il fut composé avec un résumé des réponses obtenues de plus de vingt sériciculteurs indigènes. Nous traduisîmes en partie ce travail et, le réunissant aux notes prises pendant nos voyages dans la province, nous publiâmes, en 1878, dans la *China Review*, un article intitulé *The wild silkworms of the province of Shan-tung*. Notre excellent ami, le P. Rathouis, S.-J., en fit une analyse critique dans les *Études religieuses* d'avril 1878.

De 1877 à 1884 nous eûmes l'occasion d'étudier les vers à soie sauvages du mûrier, de l'ailante et envoyâmes des notes et des échantillons divers de papillons à M. N. Rondot qui travaillait alors à son grand ouvrage sur les soies, paru en 1887. Sur la demande officielle de ce dernier, agissant comme membre de la Chambre de commerce de Lyon, Sir Robert Hart, Inspecteur Général des Douanes impériales maritimes chinoises fit faire des recherches sur l'industrie de la soie et sur les principaux vers sauvages, dans les provinces où se trouvent des ports ouverts au commerce. On envoya des employés européens ou chinois en mission dans les autres provinces, là où l'on espérait trouver des renseignements. Le résultat de ces recherches parut en 1881 en un livre officiel imprimé sur les presses

1. N. Rondot. *loc. cit.*, vol. II, p. 229.
2. China. *Imperial Maritime customs. II Special series,* n° 3. SILK.

du département des statistiques des douanes à Chang-haï[2]. Il contient, sous forme de 20 rapports, les réponses des commissaires des différents ports au questionnaire de M. N. Rondot. Faute de connaissances techniques suffisantes, la plupart de ces rapports n'ont aucune valeur scientifique, les auteurs se contentent de répondre brièvement et d'une façon souvent erronée aux onze questions de M. N. Rondot, c'est à peine s'ils citent quelques travaux antérieurs. Le Dr Bretschneider, qui a publié de nombreux et intéressants articles et même des volumes sur la botanique chinoise ne leur épargne pas ses critiques sévères. Deux rapports seulement sont intéressants à notre point de vue, en ce qu'ils apportent de nouveaux documents à l'histoire des séricigènes sauvages de la Chine, ce sont ceux de M. F. Kleinwächter de Tchen-kiang et de M. E. Rocher de Chang-haï.

A la suite de cette publication, M. N. Rondot obtint d'excellents correspondants en la personne de MM. Kleinwächter et Kopsch, et grâce à leurs recherches et aux nôtres, on put nommer, en 1882, deux vers à soie sauvages du mûrier, jusque-là inconnus, à savoir le *Theophila mandarina* et le *Rondotia menciana*. On obtint également des renseignements sur ceux qui mangent les feuilles de divers autres arbres tels que ceux du *Liquidambar* et du Camphrier.

En 1887, M. N. Rondot, ayant collationné tous ces renseignements, écrivit un volumineux travail sur les soies qui fut imprimé aux frais de la Chambre de commerce de Lyon en deux grands volumes in-4. L'histoire des vers à soie sauvages de la Chine n'y tient pas moins d'une centaine de pages illustrées de figures représentant les papillons, tant mâles que femelles, leurs cocons et leurs soies vues au microscope. C'est grâce à son aimable concours ainsi qu'à celui du Président de la Chambre de commerce de Lyon que nous avons pu illustrer cet article des mêmes gravures.

Qu'a-t-on appris de neuf sur la question qui nous occupa depuis 1887? Fort peu de chose, ainsi qu'il ressort de notre correspondance avec M. N. Rondot lui-même, et avec les principaux naturalistes, tels que

Published by order of the Inspector General of Customs, Shanghaï, MDCCCLXXXI, in-4, 163 pp., avec 32 planches en couleurs.

MM. Oberthür, de Rennes, Frédéric Moore et J.-H. Leech, de Londres et les Pères de Joannis, de Paris. M. Leech a bien envoyé en Chine occidentale un collectionneur distingué, M. Pratt, qui, avoir après passé trois ans au Yun-nan et sur la frontière du Tibet, en a rapporté une magnifique collection de lépidoptères, et a publié un livre sur ses voyages. Il n'a malheureusement donné aucune information concernant les espèces séricigènes dont M. J.-H. Leech a trouvé, dans ses récoltes, un assez grand nombre, parmi lesquelles plusieurs nouvelles et non encore décrites, dans les genres *Antheræa* et *Brahmea* particulièrement[1]. M. Frédéric Moore m'informe à la date du 2 août de cette année qu'il a décrit une espèce nouvelle d'*Antheræa* trouvée en Mandchourie et qu'il a nommée *Antheræa Hartii* en l'honneur de Sir Robert Hart.

Enfin on trouve dans le catalogue des lépidoptères de Kirby, édité en 1892, vol. I, *Sphinges and Bombyces* les noms de tous les papillons actuellement connus en Chine et parmi eux se trouvent un certain nombre d'espèces que nous connaissons comme séricigènes. Le catalogue ne donne aucune information à ce sujet. De fait M. N. Rondot, l'une des principales autorités, sinon la seule, au point de vue de l'utilisation des cocons soyeux, nous écrit à la date du 19 juillet 1893: « Je n'ai rien publié de « nouveau sur les vers à soie sauvages de la Chine et je ne crois pas qu'on « ait rien écrit de nouveau sur ce sujet depuis 1887. »

Nous fermerons sur cette affirmation ce long chapitre sur l'histoire des séricigènes sauvages de la Chine et passerons à l'étude des végétaux sur lesquels ils vivent, puis à la description technique des vers eux-mêmes et à leur éducation telle qu'on la pratique en Chine.

1. Cf. un article par J. H. Leech dans Transactions of the Entomological Society of London, 1889, p. 128, pour les noms de plusieurs séricigènes chinois.

CHAPITRE II.

BOTANIQUE.

1. Les muriers. — Le mûrier blanc est indigène en Chine où on le trouve encore à l'état sauvage. Les plus anciens livres chinois, à savoir les classiques, mentionnent le mûrier sauvage dans les royaumes de *Lou* et de *Chi* qui furent le berceau de la race chinoise et font aujourd'hui partie de la province du Chan-toung. Le *Chi-King* dit : « il coupa et enleva « les mûriers de montagnes ». Il les appelle *Yen* et le plus ancien des dictionnaires chinois, le *Eul-Ya*, explique que le mûrier *Yen* ou mûrier de montagne (*Chan-sang*), c'est-à-dire mûrier sauvage (*Yeh sang*), ressemble au mûrier cultivé (*Sang*). Le *Chou King*, au chapitre des travaux de l'empereur (*Yü-Koung*) de la période légendaire et qui régnait en 2205 avant J.-C., raconte que « les tribus sauvages de *Laï* apportèrent dans leurs « paniers la soie du mûrier sauvage ». Le *Tcheou-li* dit que son bois est employé pour fabriquer des arcs et le *Chan-haï-King* le mentionne également. Quant au mûrier cultivé, il est appelé *Sang* dans tous ces livres ainsi que dans le *Pen-tsao-Kang-mou* ou encyclopédie botanique où il est bien figuré. Le *Tche-wou-ming-che-tou-kao*, nomenclature et description des plantes parue en 1848, en donne aussi une longue description accompagnée d'un fort bon dessin. Les noms chinois des deux principales

variétés cultivées sont *Lou-sang* et *King-sang*, du nom des anciens royaumes formant aujourd'hui les deux provinces de Hou-nan et Hou-pé. On en connaît d'après les Chinois 18 variétés, dont 7 cultivées et 11 dites sauvages, mais qui sont plutôt des mûriers dégénérés ou sauvageons.

L'abbé Armand David, missionnaire lazariste, découvrit le premier le mûrier sauvage au cours d'un voyage d'exploration dans les montagnes de l'Ourato, pays des Khalkas, au sud de la Mongolie, par 42° de latitude nord [2]; d'après l'article de M. Bureau, dans le *Prodromus* de De Candolle, ce serait le *Morus alba*, variété *Mongolica*. On trouve aussi près Peking, nous dit M. le Docteur Bretschneider, la variété *Bungeana* [1]. De ces deux types sont venues, grâce à la culture, les sept variétés domestiques actuellement connues des botanistes européens dont : *nigri-formis*, *stylosa* (Macao) [2] ; *Indica* (Canton et Formose), *atropurpurea* = *M. rubra* Lour. (Chine Méridionale), *latifolia* (Synonymes *M. multicaulis, M. Sinensis*) (Chine du Nord, Peking).

Suivant Bretschneider le *M. nigra*, originaire de Perse, n'existerait pas en Chine, ne pouvant d'ailleurs nourrir des vers à soie. Induits en erreur par la couleur souvent rouge et noirâtre des fruits du *M. alba*, nous l'avons indiqué comme existant au Chan-toung, dans notre travail de 1877 sur les vers à soie sauvages de cette province. M. Franchet le porte lui aussi comme y étant cultivé en 1882, et le P. Ch. Rathouis le mentionne aux environs de Chang-haï en 1883, mais F.-B. Forbes doute de son existence. Dans ce cas il est probable qu'il a été importé. Quant au mûrier blanc sauvage, il a été observé à l'état spontané au Tche-li, Chan-si, Chan-toung et Chen-si. La variété *Mongolica* se distingue par ses grandes feuilles membraneuses ayant de cinq à sept lobes. L'apex se prolonge en une pointe très allongée. Les dents qui bordent les feuilles sont aussi très longues. Nous l'avons observé au Chan-toung, où il porte encore le nom vulgaire de *Yen-sang* ou *Chan-sang*, tandis que la variété *Bungeana* y est

1. Armand David, *Journal de mon troisième voyage dans l'Empire chinois*, 1875, t. II, p. 340.
2. Docteur E. Bretschneider, *On Chinese silk worm trees*, 1881.

appelé *Ki-sang* (mûrier des poules), ses feuilles sont petites et l'arbrisseau est en buissons peu élevés. Les variétés cultivées que nous y avons vues portaient les noms de *Pai-sang* (mûrier blanc) : ou *Pai-pi-sang* (mûrier à écorce blanche), c'est le *multicaulis ;* de *Tsze-sang* (mûrier à fruits) ; de *Nou-sang* (mûrier esclave), petit et à longues branches.

Suivant Mgr de Bésy, les mûriers sauvages étaient beaucoup plus répandus autrefois au Chan-toung dans la région montagneuse. Nous pouvons dire qu'il en est de même de tous les arbres, les Chinois ayant la manie de les détruire partout en coupant et arrachant jusqu'aux racines pour se procurer du bois de chauffage.

A la suite de la publication du livre sur la soie, par sir Robert Hart, M. N. Rondot le pria de faire rechercher par ses commissaires des diverses provinces, les espèces de mûriers croissant en Chine. Des instructions furent données en conséquence, mais le résultat de leurs études fut si pauvre, faute de connaissances botaniques de leur part, qu'on ne put rien tirer de nouveau des rapports et échantillons envoyés ; ces derniers étant la plupart du temps sans fleurs ni fruits. On renonça donc à publier un nouveau travail.

Les mûriers nourrissent en plus du *Bombyx mori* au moins deux espèces connues de vers à soie, à savoir, le *Theophila mandarina* et le *Rondotia menciana ;* il en existe certainement d'autres, mais on n'en connaît encore que les cocons.

2. Le Broussonetia papyrifera. — En chinois *Chou ; Kou-sang,* appelé vulgairement mûrier à papier, forme une espèce qu'on a détachée de celle des mûriers, mais il appartient encore à la grande famille des Morées. Il est mentionné dans le *Chan-haï-king* sous les deux noms de *Kou* et *Ch'ou* que Legge a traduits par *paper mulberry.* Kuo po, l'un des commentateurs du *chi-king*, nous apprend en effet que, depuis les temps les plus anciens, son écorce sert à faire du papier, ou même des tissus suivant *Lu-ki.* Ce dernier nous apprend qu'il croissait au Kou-kouang, Ngan hoei, Tche-kiang, Kouang-toung-Ho-nan et Kiang-nan et que l'on peut en manger les jeunes feuilles. Il est bien décrit et reconnaissable dans le *Pen-tsao* et le *Tche-wou-ming*... Il est encore commun dans toute la Chine.

Les Chinois ont affirmé à M. Natalis Rondot que l'on greffait le mûrier blanc sur cet arbre. Le Dr Bretschneider a confirmé ce dire, qu'il a trouvé mentionné par *Kouo To-to* dans son livre *Tchong-chou-chou* au VIIe ou VIIIe siècle. Personne n'a pu, en tout cas, le vérifier par l'observation directe. Dans la Birmanie anglaise, à Rangoon, on se sert de ses feuilles pour nourrir un ver à soie domestique d'origine chinoise, le *Bombyx Aracanensis*. On a essayé en France, mais sans succès, d'en faire manger au *B. mori;* la soie obtenue était plus grosse et de qualité inférieure. Les Chinois ne paraissent pas s'en servir et si nous l'avons mentionné ici, c'est parce que, en 1882, nous avons trouvé à Han-kéou, sur un de ces arbres, un fort joli cocon de soie jaune dont nous n'avons pu malheureusement découvrir le ver ou le papillon. Ce cocon qui ressemble à ceux du *Theophila mandarina* a été offert par nous à M. Natalis Rondot et se trouve aujourd'hui dans le musée de la Chambre de Commerce de Lyon.

D'après le Dr Schlegel, le ver du Liquidambar *(Saturnia pyretorum)* vivrait aussi en Chine sur le Broussonetia.

3. Le Zanthoxylon ou *Xanthoxylum*, en chinois *Houa tsiao*. — Dans son mémoire sur les vers à soie sauvages du chêne, le Père d'Incarville parle aussi de vers vivant sur un arbre qu'il appelle le *Fagara* ou *Poivrier de Chine* et le Père Cibot, dans son analyse dudit mémoire, doute que le Fagara soit le même arbre que le poivrier de Chine. D'Incarville a bien envoyé à Bernard de Jussieu un échantillon dudit Fagara, il fut reconnu par M. Franchet comme étant le *Zanthoxylon Avicennæ* D. C., et il provenait de Macao[1].

Bien qu'il n'ait été décrit que beaucoup plus tard par Lamarck (en 1786), grâce à l'oubli dans lequel était resté l'herbier d'Incarville, c'est bien ce savant jésuite qui fut le premier à le recueillir, ainsi du reste que plusieurs espèces rares que la Chine septentrionale est la seule à posséder et Franchet cite le *Zanthoxylon Avicennæ* Lamarck. Cela semble une contradiction, car il le marque plus loin comme provenant de Macao[1].

1. Cf. *Les Plantes du Père d'Incarville dans l'herbier du muséum d'his-*

Bretschneider affirme d'ailleurs qu'il n'a pas été trouvé dans la Chine du nord depuis d'Incarville. Il est en effet bien établi aujourd'hui qu'on ne trouve dans les provinces du nord, et même aussi bas qu'Amoy, que le *Z. Bungei*. Nous l'avons recueilli au Chan-toung avec sa variété *imperforatum* et les *Z. schinifolium, Z. ailanthoïdes* et enfin *Z. piperitum*. Ce dernier n'y est qu'à l'état cultivé. C'est un arbuste dont les fruits, ou plutôt les carpelles rouges, entourant les graines noires et brillantes, renferment une huile essentielle très aromatique à goût poivré, rappelant aussi celui de l'écorce de citron. C'est ce produit qui, à l'état sec, constitue une branche importante du commerce de Tché-fou, sous le nom de *Houa-tsiao* ou poivre fleuri. Il est très apprécié comme condiment dans la cuisine chinoise où il remplace le poivre noir. On en exporte de grandes quantités dans tout l'empire sous le nom anglais et erroné de « dried chillies » (piments secs). Il va aussi en Angleterre, où on l'emploie pour la fabrique de certaines sauces en bouteilles, il y est appelé *Japanese pepper* ou poivre japonais. F. Porter Smith, dans son *Chinese materia medica*, ainsi que Hanbury, dans son essai sur les productions médicinales de la Chine[1] intitulé « *Science papers* », attribuent à tort ce produit au *Z. alatum* qu'ils font croître en Chine tandis qu'il n'existe que dans l'Inde.

On le trouve mentionné dans les Classiques et représenté dans le *Eul-ya* sous le nom de *Ts'ing-tsiao* qu'il tire de la chaîne de montagnes dite *Ts'ing-ling* qui sépare les rivières Han et Wei au Chen-si méridional. C'est un arbre de demi-grandeur très épineux ; les feuilles possèdent une forte odeur aromatique[2]. Il sert à la nourriture des vers à soie du *Philosamia*

toire naturelle de Paris, par M. Franchet dans BULLETIN DE LA SOCIÉTÉ BOTANIQUE DE FRANCE, t. XXIX, 13 janvier 1882.

1. F. B. Forbes a trouvé dans l'herbier du British Museum des spécimens du *Z. Avicennæ* rapportés de Chine par Staunton, mais sans désignation de localité.

2. Il est mentionné, sous le nom de *Hou tsino* (pour *Houa-tsiao*), dans le mémoire sur le Frêne de Chine ou *Hsiang ch'un* qui suit celui sur les vers à soie sauvages, dans les *Mémoires concernant les Chinois*, comme nourrissant le plus beau des vers à soie sauvages.

Cynthia ou papillon de l'ailante dans certains districts, entre autres au *Lao-chan* près de *Tsi-mei-hsien* dans le Chan-toung sud-est.

4. L'Ailante (*Ailantus glandulosa*, Desf.). Cet arbre est extrêmement commun dans toute la Chine du nord, où il pousse dans les plus mauvais terrains, voire entre les briques du mur de Peking. Il est connu des Chinois de temps immémorial sous le nom de *Ch'u* (ou *tchou*). Le *Chi-king* au chapitre de La vie au pays de Pin dit : « au neuvième mois ils font du bois à feu de l'arbre fétide *Ch'u* » et un peu plus loin : « J'ai voyagé dans le pays où l'arbre fétide poussait abondamment ». Les commentateurs affirment que son bois n'est bon qu'à brûler, que son écorce contient une gomme ou vernis et que ses feuilles dégagent une odeur fétide. Ce dernier caractère a induit le Dr Legge en erreur et il le rapporte à l'ordre des Sterculiacées. D'un autre côté, les Chinois trompés, comme le seront plus tard les Européens, par la ressemblance de ses feuilles avec celles de l'acajou de Chine, *Cedrela sinensis*, le décrivent comme une variété puante de ce dernier qu'ils appellent le *Ch'oun* parfumé (*Hsiang-choun*), tandis que pour eux l'ailante est le *Ch'oun* puant (*Tcheou-ch'oun*).

D'Incarville fut le premier Européen qui décrivit ces deux arbres qu'il attribue aussi à une même famille, les appelant respectivement « Frêne puant » et « Frêne parfumé ». Il envoya, de Peking, des spécimens et des semences de l'un et de l'autre à Bernard de Jussieu. Il doutait cependant de son identification, car l'étiquette de son herbier dit du premier : « Cet arbre ressemble au Frêne, mais la fleur ny le fruit ne conviennent point au Frêne ; son fruit ressemble plutôt à l'Érable. » Dans une note postérieure à son premier mémoire, d'Incarville reconnaît aussi s'être trompé en prenant le *Hsiang-ch'oun* (Cedrela) pour un frêne ; il annonce que ce n'est pas le frêne d'Europe, mais un tout autre arbre[1]. Comme le Zanthoxylon, l'ailante appartient à la famille des *Zanthoxyleæ*, il n'est

1. Cf. *Manuel de la Soierie*, par Al. Devilliers, I, p. 258. Il s'agit ici sans doute du *Catalogue alphabétique des plantes et autres objets d'histoire naturelle en usage en Chine observés par le P. d'Incarville*, et qui se trouve dans les Mémoires de la Société impériale des naturalistes de Moscou, vol. IV, 1830, p. 26.

donc pas étonnant que la chenille de l'ailante *(Philosamia Cynthia)* mange aussi les feuilles du *Zanthoxylon*. Dans le midi de la Chine, l'*Ailantus excelsa* remplace le *glandulosa* du nord.

Dès 1100 avant J.-C., les Chinois avaient observé que l'ailante nourrit un vert puant, *Ch'ou-you*, ainsi qu'en témoigne l'*Eul-ya*. D'Incarville fut le premier à nous apprendre ce fait et il éleva lui-même des vers sur cet arbre (vers 1738 ou 39).

Le D[r] Mc Cartee, dans son mémoire sur les vers à soie sauvages de Chine, se trompe aussi en parlant de deux espèces d'ailante au Chan-toung. Il a confondu évidemment le cedrela avec l'ailante, ce qu'il est facile de faire à première vue, quand on n'a pas observé les fleurs et les fruits. M. F. B. Forbes a trouvé dans le sud de la Chine l'*A. malabarica* et il est possible que l'*A. excelsa* de l'Himalaya soit un jour trouvé au sud-ouest. Il existe sans doute d'autres variétés encore, car M. Kleinvächter a envoyé à M. N. Rondot plusieurs spécimens de *Tcheou-ch'oun* provenant du département de *Hou-tchéou-fou* dans la province du Tche-kiang. L'un était l'*A. glandulosa*, un autre une variété différente, mais trop incomplète pour permettre de la déterminer ; un troisième a été regardé comme très voisin du *Lindera glauca* Bl. qui est une Lauracée.

L'ailante fut cultivé en Crimée en 1856, puis abandonné ; il existe aussi au Japon où il fut importé de Chine.

5. Les chênes chinois. Bien que d'Incarville ne les mentionne qu'en troisième ligne après le *Fagara* et le *Frêne*, c'est bien le *chêne* qui est l'arbre le plus employé en Chine pour la nourriture des vers à soie sauvages. De fait, la soie du Fagara, que le savant jésuite décrivait comme la plus belle et celle qu'on produisait alors en plus grande quantité, a complètement disparu du marché. Celle de l'ailante (Frêne) y est fort rare et on ne fabrique plus aujourd'hui en abondance (d'ailleurs toujours croissante) que celle du chêne. Comme elle donne lieu à un commerce des plus importants, il est intéressant d'étudier les différents chênes qui servent à nourrir les vers du *Bombyx Pernyi*. C'est ce que nous allons faire en nous appuyant sur les auteurs chinois, puis sur les naturalistes européens.

On connaît actuellement au moins vingt-huit espèces de chênes spéciaux à la Chine et y croissant à l'état sauvage. Ce chiffre pourra se trouver augmenté considérablement, quand M. Franchet aura décrit tous ceux qu'il a reçus de M. Delavay, missionnaire au Yun-nan et qu'il étudie actuellement. On comptera alors environ quarante espèces de chênes chinois. Les Célestes, étant fort peu scientifiques, confondent presque toutes les espèces, se contentant d'une nomenclature absolument fantaisiste et des plus embrouillées naturellement, mais que les traducteurs européens, ignorant des idées chinoises, ont encore contribué à rendre plus incompréhensible. Après avoir soigneusement compulsé bon nombre de dictionnaires et de livres techniques, tant chinois qu'européens ou américains; après avoir éliminé autant que possible les répétitions et les erreurs, tant des originaux que de leurs traductions, nous sommes arrivés à identifier à peu près exactement les principales espèces du nord et à établir leur synonymie sinico-latine. Feu le Docteur Hance et notre ancien ami de Peking, M. le Docteur E. Bretschneider, l'un botaniste distingué, l'autre aussi bon sinologue que botaniste, ont bien voulu nous aider l'un et l'autre dans cette tâche, en critiquant nos identifications et traductions et en mettant très obligeamment leurs propres travaux à notre disposition.

Voyons d'abord ce que vont nous apprendre les plus anciens livres chinois connus sous le nom de Classiques.

Le *Chi-king*, ou Livre des Vers, antérieur à Confucius, possède un chapitre où sont décrits certains petits royaumes formant aux XIIIe et XIVe siècles av. J.-C. le pays de Pin, aujourd'hui le Chen-si méridional. On y mentionne comme employés pour le chauffage les *Li, Hü, Tso,* ainsi que le *Yü* et le *P'o*. Le *Tcheou-li*, ou rituel de la dynastie des Tcheou (1122 : 249 av. J. C.), parle du feu entretenu avec le *Tso*. Le livre des montagnes et des mers *(Chan-haï-king)*, décrivant les neuf provinces de l'empire de Yü (2200 av. J.-C.), ajoute aux noms déjà donnés ceux de *Siang* et de *Chu*. Le premier dictionnaire rédigé en Chine par *Tze-Hia,* disciple de Confucius en 406 avant J.-C., sous le nom de *Eul-Ya,* mentionne le fruit du *Li* sous le nom de *Kin*. Le *Chuo-wen,* autre dictionnaire datant du premier siècle de notre ère, dit que ces noms s'appliquent à des arbres et le *Pen-tsao-kang-mou,* une vaste encyclopédie de la matière médicale chinoise, œuvre de *Li Chih-chen,* publiée au XVIe siècle, explique ces noms d'après les commentateurs des classiques. A l'article *Siang-chih,* ou fruit du Siang, il établit que tous les noms ci-dessus mentionnés sont synonymes de ce dernier. L'arbre *Siang* produit, selon lui, un fruit appelé *Tsao-t'eou* ou boisseau de noir, parce que la cupule qui le renferme a la forme d'un boisseau et contient un suc servant dans la teinture en noir. Il donne encore comme synonymes de *Tsao-t'eou* les noms de *Kiu, Siang Fou, Chu-chi* et *Li* au Ho-nan. Deux autres arbres, le *Chu* et le *Hu,* donnent aussi des cupules pouvant servir à teindre en noir, mais il estime que celles du *Siang* sont les meilleures. Il décrit deux espèces de *Chu.* L'une a des feuilles dentées ressemblant à celles du châtaignier et dont le fruit sert à faire une farine comestible, d'où son nom de *Tien-chu-tsze* (Fruit doux du Chu) ou de *Mien-chu-tsze* (Fruit farineux du *Chu).* Le Docteur Henry, qui l'a trouvé au Hou-pé, l'a reconnu pour être le *Quercus sclerophylla* L.. La seconde espèce donne un gland amer, appelé pour cette cause *K'u-chu-tsze,* c'est sans doute le *Q. glauca* que nous avons trouvé au Tché-kiang.

En 1848 parut, sous le nom de *Tche-wou-ming-che-tou-kao* (nomenclature et description des plantes), une vaste encyclopédie botanique qui a sur les précédentes, *Pen-tsao* et autres, le grand avantage d'être illustrée par 1800 gravures sur bois, généralement assez exactes pour permettre d'identifier scientifiquement les plantes qu'elles représentent. Le texte reproduit les ouvrages antérieurs. Or, l'une de ces citations, empruntée au *Tang-hui-yao,* livre publié en 640 de notre ère, mentionne pour la première fois que « Les vers à soie sauvages mangent la feuille du chêne « *Hu* et font des cocons gros comme des prunes. »

D'après les auteurs chinois et les botanistes européens, voici quelle est à peu près la distribution géographique des divers chênes connus en Chine.

Dans la Mongolie et la Mandchourie, on trouve les *Q. mongolica* et *Q. dentata;* dans le Chi-li, aux environs de Peking, il faut y ajouter ainsi qu'au Ching-king les *Q. chinensis*, et *Q. aliena* et *Q. serrata*. Nous avons rencontré ces cinq espèces au Chan-toung et elles existent sans doute sous la même latitude au Chan-si, Chen-si et Kan-sou, pour lesquels nous n'avons pas d'observations. Descendant vers le sud, nous trouvons au Kiang-sou, en plus du *Quercus serrata*, les *Q. Fabri* et *Q. glauca*, auxquels il faudra ajouter un peu plus au sud, au Tché-kiang les *Q. moulei*, *Q. pentandra*, et *Q. sclerophylla*. Cette province montagneuse est de toutes la plus riche en chênes actuellement connus. Le Kiang-si a fourni les *Q. chinensis* et *Q. densifolia*. Le Hou-nan a donné deux chênes non déterminés. On a recueilli le *Q. sclerophylla* au Hou-pé et le P. Julien Bertrand a observé au Se-tchouan et Kouéï-tchéou des chênes qui ayant été importés du Chan-toung doivent être les *Q. chinensis* et *Q. serrata* et peut-être le *Q. Fabri*. Enfin, au Kouang-toung, à l'extrême sud, on a trouvé *Q. bambusifolia*.

Les espèces les plus communément employées pour la nourriture des vers à soie sont les quatre suivantes : *Q. Mongolica* ; *Q. dentata* ; *Q. Bungeana* et *Q. serrata*. Comme elles sont d'ailleurs essentiellement chinoises nous allons les examiner avec l'intérêt qu'elles comportent :

1° *Quercus Mongolica*. Firch. — En chinois vulgaire : *Siao-yeh-tso* (tso à petites feuilles) à Nieou-tchouang ; *Siao-tsing-kang-lieou* à Tché-fou ; *Hsiang-li* ou *Fou-li* au Kouéï-tchéou. Noms classiques : *Tso*, *Hu*, etc.

Ce chêne, le *Q. serriliflora* de Pallas, ressemble beaucoup à notre *Q. robur* d'Europe, mais sa feuille est assez longuement pétiolée. Les Chinois et même des Européens l'ont souvent confondu avec le *Q. dentata* en raison des galles qu'il porte souvent, et qui ressemblent beaucoup aux fruits de ce dernier. Les indigènes lui donnent le nom de *Tsing-kang-lieou* ou simplement *Tsing-kang*, quand il est jeune et ne porte pas encore de fruits, et celui de *Siang-li* quand il fructifie. On doit cette découverte au Dr Hance ; avant lui on s'était toujours imaginé que ces deux noms désignaient deux variétés différentes [1]. De Candolle en décrit la cupule

1. Cf. H. F. Hance, *On the silkworm-oaks of Northern China* et *Supplementary note on chinese silkworm-oaks* dans THE JOURNAL OF THE LINNEAN SOCIETY, vol. X, 1869, p. 482 et vol. XIII, 1871, p. 7.

comme soyeuse intérieurement et comme ayant : « *squamas, imbricatas,* « *adpressas, dorso convexas.* » Les feuilles brillantes à la surface sont opaques, glaucescentes par-dessous et légèrement pubescentes dans leur première fraîcheur. Les Chinois disent qu'elles ont un goût amer, mais sans âcreté et sans poison. En temps de disette on en fait une salade après les avoir fait sécher puis revenir dans l'eau jusqu'à ce qu'elles soient devenues jaunes, on change l'eau plusieurs fois pour enlever l'âcreté, on les égoutte et on les mange avec de l'huile et du sel. Telle est du moins la recette qu'on trouve formulée dans le *Kiu-houang-pen-tsao* ou « description des plantes qu'on peut employer comme aliment » datant de la dynastie des Ming (1368 à 1628). Actuellement il est très employé pour la nourriture des vers à soie sauvages en Mandchourie et dans le Tche-li : c'est lui sans doute que d'Incarville voulait désigner, le confondant avec notre *Q. robur,* quand il écrivait : « La feuille du chêne à feuilles « de châtaignier manquant, on peut les nourrir avec la feuille du chêne « ordinaire[1]. » Cet arbre atteint jusqu'à 40 pieds de hauteur dans la Mandchourie russe, mais en Chine il ne semble pas dépasser 15 à 20 pieds.

2° *Quercus dentata.* Thunberg. = *Q. obovata.* Bunge. — En chinois vulgaire : *Ta-tsing-kang-lieou ; Fou-li* au Kouéï-tchéou : *Ta-yeh-tso* à Niou-tchouang : *Po-lo* ou *Hu-po-lo* à Pe-king et Niou-tchouang : *Siang-li.* Noms classiques : *Hu ; Su-p'o* ou *P'o-su ; Sin ; Tso ; Ta-yeh-li.*

Il ressemble beaucoup au précédent, mais ses feuilles sessiles sont beaucoup plus grandes, atteignant, d'après Bretschneider, deux pieds de longueur (32,5 centimètres) et un pied de largeur (16 centimètres) sur les jeunes rameaux. En automne elles prennent une belle couleur pourpre. Vertes, elles servent à la nourriture des vers à soie en Mandchourie. Sèches, on les emploie souvent pour servir de plats sur lesquels on fait cuire au four certains gâteaux. De la dimension de ses feuilles vient le nom vulgaire de *Ta-yeh-tso* (chêne à grandes feuilles) et celui de

1. *Mémoires concernant l'histoire, les sciences, les arts, etc... des Chinois,* par les Missionnaires de Pe-king, 1777, vol. II, p. 575 à 578.

Ta-tsing-kang-lieou. Le nom de *Po-lo* est écrit de plusieurs façons suivant les livres. Dans certains, ces caractères sont ceux qu'on emploie pour désigner un panier ou corbeille de bambous dont la forme ressemble à celle de la cupule. Mais cette explication que nous avions formulée dans notre premier travail, n'est pas acceptée des Chinois de Pe-king d'après ce que nous a écrit le Dr Bretschneider. W. F. Mayers, savant sinologue anglais, écrivant au Dr Hance à ce sujet, estime que les différents caractères ont simplement une valeur phonétique, ce qui semblerait indiquer que le mot *Po-lo* n'est pas chinois, mais probablement Coréen ou Mandchou, assertion contredite également par le Dr Bretschneider qui affirme, d'après les Chinois eux-mêmes, qu'il n'est pas non plus Mongol.

Nous répondons à cela que le dictionnaire de *Kang-hi* qui fait autorité en Chine, traduit chacun des caractères *po* et *lo*, tels que nous les avons trouvés imprimés et reproduits, par panier. Ce nom serait donc chinois après tout, mais sans doute absolument vulgaire et local, d'où les différences d'opinion.

Cet arbre atteint de 30 à 40 pieds de hauteur et la cupule sert à teindre en noir comme celle du *Q. mongolica*. Le gland est entièrement caché par les écailles supérieures transformées en longs filaments soyeux qui lui donnent une apparence de bonnet à poil. Voici la diagnose telle que nous la trouvons dans Bunge[1]: *Quercus foliis obovatis subsessilibus grosse sinuatis ; lobis rotundatis integerrimis supra punctato-scabriusculis subtus ramisque junioribus tomentosis, fructibus terminalibus aggregatis sessilibus ; cupulæ squaminis externis ovato-oblongis obtusis, sericeis internis elongatis linearibus acutis reflexis glandem subglobosam superantibus. Habitat in montosis prope Pekinum. Floret Aprili.*

3° *Quercus chinensis*. Bunge. = *Q. Bungeana*, Forbes. — En chinois vulgaire : *Siang ; Siang-li ; Tsing-kang*.

C'est le plus communément employé pour l'élevage des vers à soie tant au Tche-li qu'au Chan-toung et au Koueï-tchéou où il fut d'ailleurs importé du Chan-toung, où il est plus généralement

1. *Q. obovata* Bunge.

connu sous le nom de *Siang-wan-tsze*, à cause de la forme de ses cupules, que les gens du pays comparent avec justesse à une coupe *(Wan tsze)*. Elles sont soigneusement ramassées, et forment un important article d'exportation. Comme la Vallonnée du levant (cupules du *Q. vallonea*), elles donnent une belle teinture noire, lorsqu'on les fait bouillir dans une solution de sulfate de fer.

Les feuilles ressemblent si bien à celles du châtaignier, qu'il est impossible de distinguer ce dernier du chêne en question, lorsqu'il ne porte pas ses glands. C'est ce qui explique le nom chinois de *Siang-li* (Siang-châtaignier), et l'erreur dans laquelle est tombé d'Incarville lui-même, quand il le décrivit comme identique au *Q. castaneæfolia* de Tournefort, dont il citait la diagnose : « *Quercus orientalis castaneæ folio glande recon-* « *dita in capsula crassa et squammerosa* », qui s'applique en effet fort bien à la feuille du *Q. serrata*, ainsi qu'à son fruit et à celui du *Q. chinensis*. D'Incarville n'était pas absolument certain de son identification, car il a le soin d'ajouter : « si nous ne nous trompons..... », et plus loin : « Il « est dans le jardin royal, autant que nous pouvons nous en souvenir ; « mais nous l'avons vu sûrement (?) auprès de Toulouse, dans un jardin « qu'il nous serait trop douloureux de nommer[1]. » Il est plus que probable qu'il parle là, d'un chêne de Syrie, le *Q. Vallonea* ou du *Q. castaneæfolia* de Géorgie, que certains auteurs ont confondus. Miguel, lui-même, déclare que ce dernier ne diffère pas du *Q. serrata* Thbg, du Japon et de la Mandchourie[2], et il a fallu toute l'autorité d'Alph. de Candolle, pour faire accepter comme une espèce différente les échantillons recueillis par Debeaux au Chan-toung en 1860, et que dans son « Essai sur la pharmacie et la matière médicale des Chinois », il avait lui aussi confondus avec le *Q. serrata*[3].

Les écailles de la cupule du *Q. chinensis* sont longues, lancéolées,

1. *Mémoires concernant les Chinois*, vol. II, p. 575 et *seq*.
2. Ann. Mus. Lugd.-Bat., I, 104.
3. M. O. Debeaux, *Contribution à la flore de la Chine*, fascicule III. Florule du Tché-fou (Province de Chan-toung). (Extrait des Actes de la Société linnéenne de Bordeaux, t. XXXI, 1876). Paris, 1877.

reflexes et dépassent de beaucoup le fruit qui est presque sphérique. On trouve souvent sur ses rameaux des galles ressemblant beaucoup au fruit mais beaucoup plus grosses et qu'on a pris souvent pour des glands, entre autres dans une des planches du rapport de M. Kleinwächter, déjà cité. Nous en avons trouvé qui mesuraient près de trois centimètres et avaient l'apparence d'une fleur de chardon ou d'artichaut encore fermée et à écailles linéaires.

Bunge, qui le récolta dans le nord de la Chine en 1831, le décrit ainsi [1] : « *Quercus foliis ovato-oblongis elongatis acuminatis mucronato-* « *serratis subtus incanis, cupulis axillaribus geminatis, squamis lanceolatis* « *incanis exterioribus squarroso-reflexis glandem subglobosam superantibus.* « *Habitat in montosis Zui-wei-schan et alibi. Floret Aprili, fructum in* « *alterum annum maturat. Habitus et folia exacte Castaneæ vescæ, exquo* « *verisimile fit, huc trahendam esse (Castaneam vescam), Loureirii Fagum* « *castaneum, s. Castaneam chinensem sp. fructu monospermo.* »

Nous ne pouvons nous prononcer exactement sur ce que pouvait être le chêne cité par le P. d'Incarville, son herbier n'en renfermant aucun échantillon ; mais il est plus que probable qu'il a vu le *Q. chinensis*, encore très commun aujourd'hui dans les montagnes des environs de Pe-king.

4° *Quercus serrata*. Thbg. — Noms chinois : *Siang, Siang-li, Tso, Polo, Pao li, Fou-li, Tsing-kang*... etc.

On voit par ces noms, que les Chinois ont fait comme les étrangers même botanistes, ils l'ont confondu avec le précédent. Staunton, le botaniste de l'ambassade anglaise de Lord Macartney à la Cour de Pe-king en 1792-1794, recueillit des échantillons de ce chêne au Kiang-nan. La première description correcte qui en ait été donnée, paraît être celle qu'en fit R. Brown, d'après des échantillons ramassés par Clarke Abel en 1817, près du lac Po-Yang au Kiang-Si. Il le décrit ainsi sous le nom de *Q. chinensis* :

« *Quercus foliis lanceolatis acuminatis basi in petiolis attenuatis spicis*

1. Al. Bunge, *Enumeratio plantarum quas in China boreali collegit anno* 1831.

« *fructiferis deflexis. Arbor excelsa ramuli substriati dichotomi. Folia* « *alterna petiolata 5 ad 6 uncialia, extra medium dentato-serrata, coriacea,* « *supra glabra, infra squamulis minutissimis albicantia, nervo venisque* « *primariis parallelis prominentibus. Spicæ solitariæ. Calyces fructus extus* « *tecti squamis oblongis valdè sericeis, apicibus cuspidatis glabris, intus* « *sericei.* »

Il semble que Bunge ait ignoré cette diagnose d'un chêne chinois, quand, en 1831, il décrivit son *Q. chinensis* de Pe-king, qui est peut-être identique. Il est étrange que l'on ne trouve aucune note sur ces deux chênes (*chinensis* et *serrata*), dans le Prodrome de De Candolle. Bretschneider n'a pu reconnaître à quel chêne s'applique le nom de *Q. sinensis*, que le TREASURY OF BOTANY affirme avoir été importé de Chine, par R. Fortune vers 1866.

La « Florule du Tchéfou » de Debeaux donne de ce chêne la diagnose suivante, qui complète celle de Brown :

« *Arbor mediæ magnitudinis, foliis automno deciduis, junioribus lanceo-* « *latis, longe acuminatis, dense costatis, superne pubescentibus, adultis* « *elongatis-oblongis, mucronato-serratis, utrinque glaberrimis ; amentis* « *masculis gracilibus, fere filiformibus ; floribus pentandris, filamentis basi* « *monadelphis ; antheris imberbibus.*

Il ajoute qu'elle se distingue du *Q. chinensis* de Bunge, dont elle est très voisine (son port, facies général, et forme des feuilles, étant assez exactement pareils à celui du *Q. castaneæfolia*, de C.-A. Mey.), parce que ses feuilles sont glabres des deux côtés, et non blanches pubescentes en dessous, ainsi qu'à la forme des cupules. Celles-ci sont hémisphériques, un peu aplaties dans le *Q. serrata*. Ses écailles sont variables, quant à leur forme, les inférieures recourbées et penchées en dehors, les moyennes écartées divergentes, les supérieures à sommet recourbé et appliqué sur le fruit. Celui-ci est petit et ellipsoïde. Dans le *Q. chinensis*, les cupules sont subglobuleuses à écailles lancéolées recourbées, dépassant de beaucoup le fruit qui est presque sphérique.

Ce chêne est le plus communément employé au Chan-toung, pour l'élevage des vers à soie, de fait c'est le seul que Debeaux ait récolté aux environs de Tché-fou en 1860. Il devient un bel arbre de moyenne grandeur, quand sa croissance n'est pas contrariée par les coupes annuelles qu'on lui impose dans cette industrie. Ses glands broyés sous la meule, donnent une farine comestible appelée *Siang-fen*, à laquelle on a fait perdre son âcreté, en trempant préalablement dans l'eau pendant quelque temps les glands écorcés. Les cupules appelées *Siang-wan-tsze*, ou coupes de *Siang*, servent à la teinture en noir. Le bois, suivant W. Williams, en est de grain si serré et si dur, qu'il ne peut même pas servir au chauffage. D'après les livres chinois, il pousserait moins vite que le *Hu*, et on se servirait de son bois pour confectionner maints objets. Le chêne décrit sous le nom de *Fou-li*, comme cultivé au Koueï-tchéou, en même temps qu'une autre espèce (le *Q. chinensis*), paraît être celui-ci. Tous deux y furent, comme nous l'avons vu, importés du Chan-toung.

En somme, deux chênes différents, bien que fort rapprochés l'un de l'autre, ont été décrits et confondus sous le nom de *Q. chinensis* ou *sinensis* par Brown puis par Bunge. Le premier a été renommé par Forbes *Q. bungeana*, le second est le *Q. serrata* de Thunberg.

Les deux planches coloriées n°s XVII et XX qui prétendent représenter le Siang dans le rapport de M. Kleinwächter sur les soies du Tche-kiang, sont si mal faites, sans doute d'après des dessins chinois, dont elles ont le cachet, qu'il est impossible de déterminer sûrement auquel des deux chênes, *chinensis* ou *serrata*, elles se rapportent. Le dernier est représenté exactement de la même façon dans la planche XVIII, sous le nom de *Li*. Les feuilles sont pareilles dans les trois dessins. Seulement, sur le premier, la forme des fruits diffère légèrement de celle qu'on leur donne dans le second. Les écailles des cupules sont plus larges et l'un des fruits est pédicellé. Suivant Bretschneider, ce seraient des galles et non des fruits qu'on a représentés ; les Chinois les confondant facilement[1].

5. *Quercus aliena* Blume. Noms chinois *Hu*, *Ta-yeh-li*, *Tsing-sin-tsze*, *Tsai-mu*, *Li*.

1. *China. Imperial Maritime customs. Special series*. SILK. 1881, et Bretschneider, *On chinese silkworm trees*, 1881.

Moins commun que les précédents, il a été trouvé par MM. Skatschkoff, Bretschneider et P. G. von Möllendorf dans les montagnes des environs de Pe-king, puis par d'autres botanistes au Ngan-hoei et au Kiang-sou. Le Dr Hance, qui le premier en connut le fruit, le décrit ainsi :

« *Gemmis lanosis, fructibus solitariis sessilibus, cupula hemisphærica* « *7-8 lin. diametro, squamis ovatis adpressis cinereo canescentibus margine* « *superne calvescentibus obtusiusculis, glande oblonga 8-9 lin. longo ad* « *medium usque inclusa præter apicem medio depressam tomentosam gla-* « *berrima glandacea hilo carpico pallido parum elevato*[1]. »

Ce chêne, près de Pe-king, porte le nom de *Chin-sin-tsze* ou *Tsai-mu*. Bunge, qui l'y observa, le prit pour *Q. mongolica* et ce ne fut que vers 1878 que C. J. Maximoviez, de Saint-Pétersbourg, le reconnut pour le *Q. aliena* décrit par Blume plus de trente ans auparavant d'après des échantillons récoltés par Staunton.

Nous renvoyons aux travaux du Dr Hance pour les diagnoses des *Q. Fabri* recueillis pour la première fois vers 1860 par le Dr Fabre-Tonnerre, près de Chang-haï; *Q. Moulei* découvert en 1874 par le Révérend G.-E. Moule, près de Hang-tchéou au Tché-kiang et qui est très voisin du *Q. serrata*. On y trouvera aussi une description nouvelle et plus complète que celle de Lindley du *Q. sclerophylla*, fort beau chêne du Tche-kiang et du Fou-kien. D'après M. Moule, ses glands sont comestibles. On les broie sous la meule avec un peu d'eau et on obtient ainsi une sorte de fromage analogue avec celui que les Chinois du nord fabriquent avec le *Dolichos soya* et qu'ils nomment *Teou-fou*.

Il est probable que tous ces chênes peuvent servir à la nourriture des chenilles de l'*Antheræa Pernyi*, mais comme nous n'en avons pas la preuve, nous trouvons inutile d'allonger ce travail en les décrivant.

1. H. F. Hance, *Analecta dryographica* dans JOURNAL OF BOTANY, december 1875.

CULTURE DES CHÊNES.

Voici, d'après ce que nous avons lu dans les ouvrages chinois de botanique, comment se cultivent les chênes destinés à la nourriture des vers à soie sauvages vivant sur ces essences. Au dire des cultivateurs compétents, le terrain qui convient le mieux au chêne est un humus riche ou une terre grasse : vient ensuite la terre silico-argileuse. Un sol purement calcaire ou sablonneux est mauvais, les arbres n'y développant que des feuilles petites et dures. Si le terrain est par trop pierreux, les vers tombant des arbres sont tués par la chaleur de ces pierres fortement chauffées par le soleil. Dans ce cas, il convient de laisser pousser l'herbe entre les arbres. Les chenilles détestent une grande humidité bien qu'elles supportent facilement une pluie d'orage abondante, elles préfèrent la sécheresse pourvu qu'elle ne soit pas trop forte. En conséquence, on choisira pour les plantations le versant sud des montagnes quand il s'agira de l'éducation de printemps. Pour celle d'automne, on devra préférer les plantations du versant nord où la chaleur se fait moins sentir. La rosée y conserve aux arbres une fraîcheur qui n'existe pas sur le versant sud brûlé du soleil. On sait qu'au Chan-toung, il se passe souvent 9 à 10 mois sans pluie. Dans cette province, on plante les chênes suivants : *Q. dentata Q. bungeana* ou *chinensis*, mais surtout le *Q. serrata*. On en récolte soigneusement les glands en automne, mettant de côté les plus gros et les plus sains. On les trempe dans du sang de cochon qui sert, disent les gens du pays, à écarter les rats.

On les dépose au nombre de 8 à 10 dans des trous en quinconce d'une profondeur de un pied environ et à deux ou trois pieds de distance les uns des autres. On y ajoute une poignée d'engrais fait de tourteau de pois oléagineux mélangé d'un peu de sulfure d'arsenic en poudre pour empoisonner les vers et les insectes. Pour ne rien perdre du terrain, de l'orge est semé entre les rangées. Quand les jeunes chênes ont atteint cinq ou six ans (8 ou 10 au Kouéï-tchéou), on les coupe près du sol pour leur faire produire une quantité de jeunes rejets, qui ne devront pas dépasser quatre à cinq pieds. On obtient ainsi des chênes en buissons touffus à feuilles tendres et sur lesquels on peut facilement ramasser les chenilles ou leurs cocons. On renouvelle, en effet, la coupe tous les deux ou trois ans, tantôt au printemps, tantôt à l'automne, et alternativement sur une rangée puis sur une autre, de façon à se trouver avoir toujours, pour la première éducation, de jeunes rameaux garnis de feuilles tendres et pour la seconde, ou celle d'automne, des feuilles plus fermes, sans être trop dures. Les glands servent aussi de nourriture aux cochons et même, en temps de disette, sont mangés par les habitants du pays. Quant aux branches coupées, elles servent pour le chauffage, le bois des vieux arbres poussant librement est employé pour la confection d'un excellent charbon appelé à Tché-fou *Tso-tan* (charbon de chêne). On estime que ces chênes peuvent facilement vivre cent ans.

D'après M. Kleinwächter, les glands du *Siang* sont considérés comme comestibles au Tché-kiang. Le semis s'y fait en novembre et on le recouvre de planches jusqu'au printemps (sans doute pour empêcher les sangliers de manger les glands, ces animaux étant communs dans cette province). En avril, les jeunes plants ont de deux à trois pouces de hauteur. On les transplante alors. Ni taille ni greffe ne sont faites avant la fin de la troisième année, époque à laquelle ils sont assez grands pour nourrir les vers. Beaucoup de ces arbres poussent naturellement dans les villages et dans les forêts des montagnes et servent seulement pour les bois de chauffage. Les chênes *Li*, dont les feuilles sont doubles de celles du Siang et les glands trois fois plus gros, sont cultivés de même[2].

Il n'y a pas lieu de chercher à introduire en France ou en Europe les chênes chinois à moins qu'à titre de pure curiosité.

En effet, pour ce qui concerne l'élevage des vers à soie, nos chênes d'Europe peuvent les remplacer d'autant plus facilement que le plus commun de tous notre *Q. robur* du nord est si rapproché des *Lepidobalani*

1. *Tche-wou-ming-che-tou-kao,* chapitre *Tchou-kien-pou.*
2. *China. Imperial maritime Customs. II Special Series.* SILK, dans *Kleinwächter Report.*

de Chine : *Q. mongolica* et *Q. dentata*, que Pallas les considérait comme identiques. Le climat de la Chine septentrionale se rapproche beaucoup du nôtre et d'ailleurs l'élevage des vers du chêne a parfaitement réussi sur nos quercinées d'Europe, telles que *Q. Robur*, *Q. pedunculata*, *Q. sessiliflora*, etc., voire même sur le *Q. alba* de l'Amérique du nord. La chenille de l'*Antheræa Pernyi* a même mangé du *Pirus cydonia* et du *Sorbus aria*. Des Chinois ont aussi raconté à Mgr Chauveau qu'au Yun-nan ils n'ont jamais pu réussir à élever ces vers, mais que dans le Kouéï-tchéou, à défaut de feuilles de chêne, elle mangeait celles du noisetier[1]. La seule difficulté en Europe est que, grâce à l'incertitude de la température au printemps, l'éclosion des feuilles, souvent contrariée par les gelées, ne coïncide pas avec celle des vers. En Chine, les saisons sont beaucoup plus régulières et le printemps arrive franchement, sans gelées printannières, succédant à des journées chaudes; les Chinois savent aussi retarder, suivant les besoins, l'éclosion des cocons ou celle des œufs. On y est du reste arrivé en Europe après quelques tâtonnements.

D'autres végétaux spéciaux à la Chine et peu ou point connus en Europe nourrissent diverses espèces de vers à soie sauvages. Nous allons donner un coup d'œil aux principaux :

Cudrania triloba, Hance. En chinois, *Shih* ou *Che*, *Tche* ou *Chi*. Le plus important est certainement après les mûriers et les chênes le *Cudrania*, parce qu'il sert souvent à la première nourriture des vers à soie domestiques et possède aussi un ver sauvage encore inconnu. On l'a souvent aussi confondu avec les chênes, tels : S. W. Williams, dans son dictionnaire[2] et après lui et sur ses données plusieurs des rapporteurs sur les soies dans le livre jaune *(Silk)* des Douanes chinoises[3]. L'un d'eux, M. Kleinwächter, l'a même confondu avec le mûrier, ainsi qu'on peut le voir dans la planche coloriée n° 1 de son rapport et qui, au-dessous des

1. Bulletin de la Société zoologique d'Acclimatation, 1re S., vol. VII, 1859.
2. S. W. Williams, *A syllabic dictionary of the chinese language*.
3. Cf. Francis White, *Report on Silk*. Hankow.; J. L. E. Palm; *Report*... Wuhu.

trois caractères chinois *Hou-lou-sang*, porte comme traduction : « Domestic mulberry leaves. » Or, la plante figurée, sans fleurs ni fruits, ayant les feuilles entières, cordées, acuminées et à peine sinuées sur les bords, correspond tout à fait avec la variété inerme à feuilles entières du *Cudrania*. Dans les planches XVI, XXI et XXII, il montre la variété épineuse à feuilles entières de cette plante (dont il ne donne que le nom chinois *Shih*), seule ou avec les papillons, puis les chenilles des vers sauvages.

Quelle est cette plante et qu'en disent les Chinois, c'est ce que nous allons examiner.

Dans l'ode fort ancienne dite *Hoang i* (du livre des vers *Chi-king*), on lit à la description du pays de Tchéou (Hou-nan actuel) : « Il coupa et enleva les arbres Yen (mûrier sauvage) et Tche (Cudrania) ». Le caractère formant ce nom est composé des caractères arbre et pierre, sans doute parce qu'on a remarqué que le *Tche* ou *Shih* pousse dans les endroits pierreux et sur les montagnes. S.W. Williams, sous ce caractère, écrit dans son dictionnaire : « A small tree having oval acuminate leaves on which « wild silkworms are fed the quercus or silkworm oak of China, the trunk « is straight, bows are made from the wood. » Ceci est évidemment pris des livres chinois. Voici, en effet, ce qu'ils en disent :

Le très ancien dictionnaire *Eul-ya* rapporte que les vers sauvages du Chih sont les mêmes que ceux du Tsze (Zizyphus).

Le *Chuo-wen* le confond avec le mûrier sauvage, le *Li-ki* avec le chêne[1].

Le *Pen-tsao-kang-mou* a ceci : Le Shih possède un tronc droit, des feuilles épaisses, arrondies, lobées, il pousse dans les endroits pierreux, sur les montagnes, d'où son nom. Son bois brun rouge et veiné sert à faire des arcs et des ustensiles (de ménage). Il fournit une belle teinture jaune, dite jaune impérial parce qu'il sert à teindre les vêtements de l'empereur. Si on dessine sur ce bois avec de l'esprit de vin, du vinaigre, de la chaux, on obtient une gravure en creux. Le fruit, dont les oiseaux

1. Le *Tcheou-li* en parle comme fournissant un bon bois pour faire des arcs et des flèches.

sont très friands, ressemble à celui du mûrier, il est sphérique et les semences sont à l'intérieur, elles ressemblent à celles du Zantoxylon, on les appelle *Choui-tsze* d'après le *Kou-kin-chou*. Une variété appelée *Nou-shih* a des épines. Ses feuilles sont persistantes et servent comme celles de la variété inerme à la nourriture des vers à soie qu'on appelle *Shih-tsan* ou vers à soie du Shih. La soie en est moins solide et moins bonne que celle des vers du mûrier, mais elle est très bonne pour faire des cordes de luth qui donnent un son plus clair que les cordes ordinaires (en soie du mûrier?).

Nous avons tenu à donner ce passage *in extenso* comme échantillon d'une diagnose chinoise.

La nomenclature et description des plantes *(Tche-wou-ming-...)* reproduit la description du *Pen-tsao*... et donne deux bonnes gravures du Cudrania. Au traité des vers à soie sauvages, il dit que le Shih est inférieur au chêne mais nourrit des vers peu différents de ceux de cet arbre et dont la soie, fort solide, est de couleur grise. Il cite tous les auteurs qui ont écrit sur ce sujet.

Soung Yin-sing écrivant au commencement du XVIIe siècle disait, dans le *Thien-kong-kai-wei* : « les feuilles du *Shih* sont employées pour remplacer celles du mûrier quand il y a disette de ces dernières... Les arbres « *Shih* sont très nombreux dans la province du Se-tchouan » mais il n'en a pas vu dans celle du Tché-kiang.

Si nous laissons maintenant les auteurs chinois pour rechercher ce qu'ont pu dire de cette plante les étrangers, Du Halde, résumant dans son livre les connaissances des missionnaires en Chine, dit : « Il y a d'autres « mûriers sauvages qu'on nomme *Tche* ou *Yeh-sang*. Ce sont de petits « arbres qui n'ont ni la feuille ni le fruit du mûrier. Leurs feuilles sont « petites, âpres au toucher et de figure ronde qui se termine en pointe. « Elles ont dans le contour des portions de cercle rentrant. Le fruit du « Tche ressemble au poivre, il en sort un au pied de chaque feuille. Les « branches épineuses et épaisses viennent naturellement en forme de « buisson. » Il dit ailleurs, sans doute d'après d'Incarville, que « au lieu « de l'arbre Tche, dont les feuilles nourrissent les vers qui travaillent à la

« soie propre à faire le *Kien-tcheou* (Pongée du chêne), on peut employer « les feuilles de chêne, et feu l'empereur Kang-hi en a fait l'expérience.[1] » Ceci nous paraît avoir été traduit du chinois ainsi que cette autre citation : « La soie du ver à soie nourri sur le Tché est forte et résonnante ». Le traité chinois sur la soie *Tsan-kin* dit qu'au lendemain de leur naissance on donne à manger aux vers à soie indistinctement les feuilles du Tché ou celles du mûrier.

T. T. Meadows, consul d'Angleterre à Niou-tchouang, en 1865, établit que le Tche de Du Halde ou *Shih* n'est pas un chêne. Dans son rapport commercial pour l'année 1863, il écrit : « L'autre buisson sur lequel le « ver (du chêne) est nourri est appelé *Tien-tso-tse* n'est pas un chêne, il « forme un buisson. Ses feuilles fraîchement cueillies répandent une « odeur faible, mais distincte et agréable. Elles sont longues et étroites, « d'un ovale court vers le pétiole et terminées en pointe à l'autre extré- « mité. La soie la meilleure est obtenue en faisant usage pour la nour- « riture des vers des feuilles du Tien-tso-tse qui n'existe qu'en petite « quantité. » M. N. Rondot, après avoir cité ce passage, ajoute qu'il ne pense pas qu'il s'agisse ici du Tché. Nous ne voyons pas de quel autre arbuste il pourrait être question. Car nous avons trouvé le *Cudrania* employé exactement au même usage au Chan-toung. M. Kleinwächter a constaté l'emploi de ses feuilles au Tché-kiang et surtout au Kian-gsou où il est très abondant. Le Dr Henry l'a récolté aussi au Hou-pé. Dès 1845, MM. N. Rondot et I. Hedde l'avaient vu sur la route entre Chang-haï et Sou-tchéou-fou, où on le leur avait désigné sous le nom de *Tse-sang* ou mûrier épineux. M. Hedde en avait fait venir de plusieurs provinces et avait même réussi à en apporter jusqu'à Rochefort un pied vivant qu'il s'était procuré près de *Ting-haï*, la ville principale de l'Ile Chou-san. Ce pied périt malheureusement dans le trajet entre Rochefort et Paris en 1846. Ces messieurs rapportèrent aussi des cocons de vers nourris sur les feuilles de cet arbuste. Les notes de Hedde sur les procédés d'élevage des vers à soie

1. Du Halde, *Description géographique de l'Empire de la Chine*, v. II, p. 208, cité par N. Rondot : *L'art de la soie*, vol. II, p. 7, 9.

au moyen des feuilles du Tché sont perdues, mais il était convaincu, nous dit N. Rondot, que ces éducations portaient sur des vers à soie sauvages vivant à l'air libre sur cet arbuste [1].

C'est au Dr Hance qu'on doit la détermination scientifique de cette plante. En 1868 il la reconnut pour être le *Cudrania triloba* de l'ordre des artocarpées, voisin des moracées. Il varie beaucoup d'aspect étant aussi souvent épineux qu'inerme, à feuilles tantôt entières, tantôt plus ou moins trilobées [2]. Nous l'avons trouvé assez fréquemment au Chan-toung.

Quant à l'identité du *Tché* ou *Shih* des livres chinois avec le *Cudrania triloba*, elle fut établie pour la première fois en 1881 par M. F.-B. Forbes, un botaniste amateur qui, deux ans plus tard, fit paraître dans le « Journal of Botany » un article sur cette plante et ses usages en Chine [3].

Il en existe actuellement un plant femelle, envoyé de Chine, au Jardin des Plantes de Paris. Il y fleurit tous les ans et n'a pas souffert dans les hivers les plus rigoureux [4]. M. Kleinwächter a envoyé à M. N. Rondot un ver à soie d'une espèce particulière appelé *Tché-chou-tsan* qui a été recueilli sur le Cudrania à *Hou-tchéou-fou*. Cette chenille est petite, presque noire et serait, d'après M. F. Moore, celle d'un *Ocinara*. Il est juste d'ajouter cependant que M. Kopsch ne croit pas à l'existence d'un ver sauvage du Tché.

Liquidambar formosana Hance. En chinois *Foung* ou *Feng*. Cet arbre, quoique très proche du *Liquidambar styraciflua* de l'Amérique du nord, est spécial à la Chine et aux îles voisines de Formose et Haï-nan. Comme il nourrit d'ailleurs au moins deux espèces de vers à soie sauvages, il mérite une étude particulière étant aussi fort peu connu en Europe.

Il est mentionné dans le *Eul-ya* sous le nom de *Feng*, ce caractère

1. Isidore Hedde, *Description méthodique des produits divers recueillis dans un voyage en Chine*, 1848, pp. 107, 109, 110 et 123, cité par N. Rondot, vol. II.
2. H. F. Hance, Journal of Botany, vol. VI, 1868, p. 49, et vol. XVI, 1876, p. 365, *in nota*.
3. F. B. Forbes, *On Cudrania triloba and its uses in China*, dans Journal of Botany, 1883, p. 145 à 149.
4. N. Rondot, *loc. cit.*, vol. II, p. 13-14.

étant formé des signes du bois et du vent pour indiquer que c'est un arbre tremblant à la brise. Ses feuilles sont en effet très longuement pétiolées et tombantes comme celle du tremble. Il porte encore le nom classique de *Che-che*, formé de bois et de trois oreilles, ce qui indique, comme l'onomatopée *Che-che*, un murmure, suivant le génie descriptif de la langue chinoise. Le commentateur *Kuo-po* le compare au peuplier tremble. Il mentionne aussi le *Feng-siang* parfum de *Feng*, résine découlant de son tronc, et dit qu'il pousse au pays de *Shang* et *Lo* (Chen-si méridional).

Le *Pen-tsao*... et le *Tche-wou-ming*... le décrivent comme poussant dans la Chine du Sud et le second ouvrage en donne un fort bon dessin.

Le premier Européen qui s'en soit occupé semble être M. Theos. Sampson de Canton. Nous avons trouvé une description signée de cet auteur dans une publication anglaise de Hong-Kong[1]. C'est avant tout une traduction des ouvrages chinois précités.

Le *Feng* ou *Foung* que l'on trouve encore à l'état spontané dans quelques localités montagneuses de la province de Canton, où il a échappé à la hache des rebelles et à la rage du déboisement des Chinois, est désigné à tort dans la plupart des dictionnaires sino-européens comme une espèce de Platane ou d'Erable. Il fut découvert pour la première fois dans l'île de Formose par Oldham, collectionneur de botanique des jardins royaux de Kew, en 1864. Presque en même temps, le botaniste russe Maximovicz et M. Theos. Sampson le découvraient également, le premier au Japon, le second sur la branche de Lo-ting de la rivière de l'ouest *(Si-kiang)* des environs de Canton. Il fut décrit scientifiquement par le Dr Hance en mars 1866 dans les Annales des sciences naturelles.

On voit de forts beaux échantillons de cet arbre aux collines de Saï-chu, sur la rivière de l'est *(Toung-kiang)* et au temple des nuages blancs *(Pei-yune-sse)* du voisinage de Canton. Il y porte plusieurs noms, étant appelé tantôt *Kia-feng-li* ou faux châtaignier, par allusion à l'apparence

1. Notes and Queries on China and Japan. *The Feng tree*, vol. III, n° 1, p. 4-7. Hongkong, January, 1869.

épineuse du fruit, tantôt *Hsiang-mou*, arbre parfumé, à cause de l'odeur aromatique que dégagent ses feuilles.

Dans le Trésor botanique *(Kouang-yun-fang-pou)*, sorte d'encyclopédie en trente-deux volumes, compilée par ordre impérial il y a deux siècles, on dit que cet arbre croît très abondamment dans le nord de la Chine. Voici comment il est décrit : « Le Feng est un arbre élevé à branches et feuilles pendantes, dont le bois à grain serré est tantôt blanc, tantôt rouge et délicatement veiné dans le premier cas. Les feuilles arrondies (par la base) trifides et odorantes prennent une belle coloration rouge après les premiers froids. A la seconde lune (mars), il donne des fleurs blanches qui se transforment bientôt en fruits globuleux de la grosseur d'un œuf de canard et couverts d'épines molles. Ils mûrissent vers la huitième ou neuvième lune (septembre ou octobre) et sèchent si bien qu'on peut les brûler ».

Cette description exacte, sauf en ce qui regarde la grosseur du fruit qui est exagérée, s'accorde fort bien avec la diagnose. Malgré l'affirmation de l'auteur chinois nous ne l'avons pas observé dans les provinces du nord. Il semble s'arrêter au Yang-tsé-kiang. A Han-kéou on se sert de son bois pour fabriquer les caisses à thé et aussi les moules dans lesquels on comprime le thé en briquettes.

Sa résine, *Feng-hsiang*, est employée en médecine, spécialement comme un odontalgique et aussi contre les maladies de peau. La croyance populaire veut que l'ambre ne soit autre chose que cette résine enterrée pendant mille ans. Nous trouvons là une idée chinoise de l'origine fossile de l'ambre.

Il nourrit au moins deux, sinon trois espèces de vers à soie, savoir : 1° Le *Saturnia pyretorum* à Haï-nan et au *Kouang-toung* près de *Kao-tchéou-fou ;* 2° un ver inconnu mentionné par Hance comme vivant sur cet arbre à Amoy et à Haï-ting au Fou-kien (sans doute aussi le *Saturnia pyretorum*, car Hance en parle comme d'une très grande chenille verte).

Le Camphrier, *Cinnamomum camphora*, Nees et Ebermeier = *Laurus camphora*. En chinois *Tchang*. Cet arbre spécial, lui aussi, à la Chine et au Japon, et croissant dans les mêmes endroits que le *Liquidambar :*

Haï-nan, Formose, Chine du Sud jusqu'au Yang-tsé-kiang, atteint de superbes proportions autour des temples des environs de Ning-po au Tché-kiang.

Il est mentionné dans les Classiques chinois et d'après un auteur de la première moitié du VIIIe siècle, il tire son nom du district de *Yü-tchang*, où il croît en abondance. L'empereur *Han Wou-ti*, 140 à 86 av. J.-C., se serait dit-on bâti un palais avec le bois de *Yü-tchang*. On l'exploite à Formose et au Japon pour la production du camphre, obtenu par la distillation de son bois dans l'eau. Il a été importé en Europe et pousse dans le jardin des plantes de Paris.

Il nourrit plusieurs espèces de vers à soie. A Haï-nan, au Kouang-toung et à Formose, c'est le *Saturnia pyretorum ;* au Tché-kiang, c'est une autre saturnide, le *Philosamia Walkeri* Felder; puis deux sphingidées, savoir : un beau papillon brun de quatre centimètres d'envergure, le *Chærocampa japonica*, Bois, et un autre encore inconnu[1]. Enfin l'abbé David a ramassé, sous des camphriers, des cocons fenestrés appartenant évidemment à un *Caligula* encore inconnu, mais qui est probablement le *Caligula simla*.

Le même naturaliste attribue aussi à l'*Attacus atlas* des cocons qu'il a récoltés sur le camphrier[2]. Les vers sauvages du camphrier portent, même en chinois, des noms différents, ce qui semble indiquer que ceux-ci ont su distinguer plusieurs espèces, voici ces noms : *Tchang-tchong-tsan, Tchang-chou-tsan, Nan-chou-tsan, Tin-tsan*, suivant MM. Kleinwächter, Kopsch, Lay, etc., commissaires des douanes. *Tchang* indique bien certainement le *Cinnamomum camphora*, mais *Nan* est le nom d'un autre Lauracée, le fameux *Nan-mou*, bois très précieux, spécial aux provinces méridionales du Yun-nan et du Kouang-toung et qui a été déterminé par Hance, sous le nom de *Laurus Nan-mou*. Cet arbre a donc, lui aussi, un ver à soie spécial, à moins, ce qui est fort possible, que ce soit l'un de ceux du *Laurus camphora*.

1. N. Rondot, *loc. cit.*, vol. II, p. 105, note.
2. A. David, *Journal de mon troisième voyage d'exploration dans l'Empire chinois*, 1875, t. II, p. 340.

L'ARBRE A SUIF, *Stillingia sebifera* = *Excœcaria sebifera*, en chinois *Wou-kieou*, qui croît, comme les trois précédents, dans toute la Chine, au sud du Fleuve Bleu et que l'on trouve abondamment cultivé dans le Tché-kiang, aux environs de Ning-po, et au Fou-kien. C'est un fort bel arbre, de forme irrégulière, rappelant celle de nos pommiers en Normandie. Il atteint 25 à 30 pieds de hauteur. La feuille, de forme cordée étalée, c'est-à-dire plus large que longue et longuement pétiolée, tremble à la moindre brise. D'abord d'un vert clair, elle passe à l'automne par toutes les teintes, allant du jaune au rouge vif. Les fleurs apparaissent fin juin ou commencement de juillet à l'extrémité des rameaux et en panicules verdâtres. Les fruits, trilobés comme ceux du thé, d'abord verts, deviennent noirs à la maturité. Ils s'ouvrent alors en laissant tomber leur péricarpe et montrent des graines recouvertes d'une couche blanche de suif végétal, qu'on recueille sur l'eau bouillante dans laquelle on les a jetées. On décante dans des baquets en bois où cette graisse végétale se prend en masse.

Les semences broyées fournissent aussi de l'huile. Les feuilles donnent une teinture noire, d'où le nom chinois de l'arbre *Wou-kieou*, mortier noir. Le bois sert, en effet, à faire des mortiers à concasser le riz. En dissolvant de la potasse ou de la soude dans la chaudière où l'on a fait bouillir les fruits, on obtient du savon commun.

D'après le *Tche-wou-ming-che-tou-kao*, on nourrit des vers à soie sur cet arbre dans les départements de *Sin-Feng* et de *Ngan-yuan-hien* au Kiang-si.

A Canton, on a dit à M. I. Hedde que la chenille de l'*Attacus atlas* est le plus souvent élevée aux monts *Lo-feou* sur le *Wou-kiou*[1]. Ce fait a d'ailleurs été comme le précédent confirmé par le Dr Hance. On ne sait pas exactement quels sont les autres vers à soie dont il est question. Le savant professeur italien Targioni Tozzetti, qui mentionne aussi les

1. I. Hedde, *Description méthodique des produits divers recueillis dans un voyage en Chine*, p. 107. Cité par N. Rondot, *loc. cit.*, vol. II, p. 68.

vers à soie de l'arbre à suif, n'a pu savoir à quelle espèce ils appartenaient[1]. Il en est de même du Dr Bretschneider[2]. Les missionnaires ont dit aussi à M. Natalis Rondot qu'on nourrissait quelquefois les vers à soie (domestiques?) avec ses feuilles, mais aucun éleveur chinois ne lui a confirmé le fait.

Enfin, les diverses encyclopédies chinoises mentionnent encore un certain nombre d'arbres ou de plantes nourrissant des vers à soie sauvages, ce seraient :

Le *La-chou, Fraxinus sinensis*, dont le nom chinois signifie arbre à cire, parce que l'on élève sur ses rameaux le *Coccus pela* qui fournit la cire d'insectes dite cire végétale. La soie des vers élevés sur cet arbre est très brillante. Le *Shan-li, Castanea vulgaris* Lamk ; il est probable qu'il peut au moins nourrir le ver du chêne, étant aussi une cupulifère. Le *Yü-chou, Ulmus parvifolia*, Jacq., qui est d'une famille voisine, peut aussi servir sans doute à l'élevage des vers du chêne. L'auteur chinois veut évidemment parler d'une autre chenille. Il dit que le ver du Yü est pareil au criquet (?) et que son cocon ressemble à celui de l'araignée, la soie en est si peu solide qu'on ne peut la tisser. Ne serait-ce pas là une psychidée ?

Le *Lien-chou, Melia azedarach*, ou Lilas de l'Inde. Son ver, qui se trouve au Tché-kiang, donnerait une soie spécialement employée pour fabriquer les bandeaux de tête portés par les femmes.

Le *Houai-chou, Sophora japonica*, dont le ver serait à peu près de la grosseur d'une fourmi.

Le *Kou-chen, Sophora angustifolia* au Japon, d'après Bretschneider, mais il est probable qu'il s'agit ici d'un autre arbre. L'auteur d'une relation dans le pays de *Kao-tchang* (pays des Ouigours), de 981 à 983, traduite par Stanislas Julien, dit en effet : « Dans cette contrée, il y a « des vers à soie sauvages qui vivent sur la plante *Kou-chen;* leur soie

1. Targioni-Tozzetti, *Relazione sopra la seta moogha delle Indie*, 1867, p. 13.

2. Docteur E. Bretschneider, *On chinese silkworm trees*. Peking, 1881, p. 7.

« sert à faire des étoffes. » Stanislas Julien traduit Kou-chen par *Colutea*. Nous croyons qu'il ne s'agit là pas plus d'un Colutea que d'un Sophora, mais bien du *Broussonetia papyrifera* dont l'un des noms chinois est effectivement *Kou-chen*.

Au Kouang-toung, à *Kia-yin-tchéou* et à *Tchen-hsiang*, où le *Tchewou-ming-che-tou-kao* indique un certain arbre *Chi-chou* ou *Kouei-chou* (dont nous n'avons pu trouver le caractère dans aucun dictionnaire), comme servant encore à la nourriture des vers à soie. Il s'agit, croyons-nous, du *Cassia lignea* ou *Cinnamomum cassia*, sorte de canellier. On sait qu'à Ceylan, l'*Attacus atlas* mange les feuilles du *Cinnomomum zeilanicum*.

Enfin, M. N. Rondot, citant le *Eul-ya*, parle des vers à soie du *Tse*, du *Louan* et du *Hang*. Or, le *Tse* est le *Zizyphus jujuba ; Z. vulgaris ;* le *Louan* est le *Kœlreuteria paniculata* de Pe-king ; le *Hang* ou *Siao* est l'*Artemisia annua*. On ne connaît pas ces vers, pas plus d'ailleurs que ceux du *Siang* = *Evonymus Bungeana*.

M. Natalis Rondot a encore reçu de Chine, de la province du Tché-kiang, envoyé par M. Kleinwächter vers 1885, trois espèces de psychidées :

1° Le *Yang-chou-tsan* ou ver de l'arbre *Yang*, sans doute un peuplier, dont on connaît au moins quatre espèces en Chine, à savoir : *Pé-yang* = *Populus alba ; Hé-yang* = *P. nigra*, et d'après A. David les *P. coriacea. P. venusta, P. tremula*. N. Rondot dit que ce ver vit sur le saule. *Salix pentandra* = *Yang*, d'après le Dr Hance ;

2° Le *Tchoun-chou-tsan*, ver du *Cedrela sinensis ;*

3° Le *Paï-chou-tsan*, ver du Cyprès ?[1] Cette psychidée était du genre *Eumeta*. Mais M. Kopsch a trouvé sur le cyprès et sur d'autres arbres l'*Oiketicus Saundersii* ou une espèce voisine. Ces espèces de vers n'offrent pas d'intérêt, paraît-il, au point de vue de la soie.

Par contre, une véritable fileuse de soie de la famille des Ennonidées,

1. Pour nous, le *Paï-chou* aussi appelé *Paï-cho* à Ning-po, serait le fusain *Evonymus Sieboldianus* Blume.

et probablement une *Selenia,* vit sur le *Pé-yang-chou* qui, suivant les uns, serait un peuplier et c'est notre avis, suivant d'autres serait le *Salix pentandra.* On recucille cette soie pour en faire des pongées[1]. Nous avons trouvé à Han-kéou vivant sur le *Liquidambar* et le *Broussonetia* une *Argyris deliaria* de la famille des Géométridées, que nous avons envoyée à M. N. Rondot.

On a relevé l'existence à *Sia-chih,* au Tché-kiang, d'un ver à soie vivant sur une vigne *(Tse-teng-chou)* qui paraît être le *Vitis flexuosa* de Thunberg.

Une autre espèce de *Tchoun-chou-tsan,* un véritable lépidoptère à cocon de soie brillante, a été recueilli par M. Kleinwächter sur le *Cedrela sinensis* à *Lou-tou* près de *Hou-tchéou-fou,* aussi au Tché-kiang. On ne connaît pas le papillon. Enfin terminons cette trop longue nomenclature en disant que, s'il faut en croire un auteur chinois *(Chu Yuan-hu),* tout arbre peut nourrir un ver à soie !

1. Lettre de M. Kleinwächter à M. N. Rondot. Ning-po, 9 juillet 1883, *loc. cit.*, VII, p. 218.

CHAPITRE III.

ENTOMOLOGIE

ANTHERÆA PERNYI GUÉR.-MÉN.

Le ver à soie sauvage du chêne ayant, ainsi que nous l'avons vu, été le premier connu en Europe, c'est par lui que nous commencerons notre étude entomologique sur les vers à soie sauvages de la Chine.

Suivant toute apparence, le premier dessin de ce papillon fut celui publié par Jean Goedart en 1662, dans son ouvrage sur les métamorphoses et l'histoire naturelle des insectes. Mais comme nous l'avons déjà fait remarquer, cette gravure n'est accompagnée d'aucun nom ni description.

Ce fut M. Guérin-Méneville qui, le premier, en 1851, donna une diagnose sommaire de ce papillon, d'après des spécimens éclos à Lyon de cocons envoyés du Kouéï-tchéou par l'abbé P. Perny. Voici ce signalement :

Papillon. — Saturnie de Perny. *Saturnia Pernyi* (Guér.-Mén.). Ailes étendues, entièrement d'un jaune plus ou moins fauve ou couleur nankin, ayant chacune une tache ocellée ronde et vitrée, dont l'iris est rose, strié de blanc du côté de la base de l'aile, et jaune bordé de noir du côté externe ou brun liseré de rose et de jaune. Après le milieu, il y a une strie transverse presque droite, d'un brun rosé, bordée de blanc extérieurement et très rapprochée de l'œil surtout aux ailes inférieures. Envergure de 11 à 14 centimètres[1].

Une planche lithographiée montre ce papillon, ainsi que son cocon, placé sur une feuille de *Quercus serrata*, à côté le *Saturnia Mylitta* de l'Inde avec son cocon. Les deux papillons se ressemblent beaucoup, mais leurs cocons diffèrent considérablement. Il paraît que le *Mylitta* a été trouvé en Chine et en Corée par des naturalistes ; cependant il est très rare et par suite ne fait pas l'objet d'éducation industrielle. Les Chinois le confondent avec le premier ou même ne l'ont pas observé, car nous n'avons trouvé nulle part mention de son existence dans leurs livres. M. Moore a recueilli, dans les montagnes du Kiang-sou, une espèce très voisine du *Pernyi*, et l'a baptisée *Antheræa Confucii*. Serait-ce par hasard la seconde espèce de ver du chêne dont M. G. Hughes, fait mention dans son rapport sur les vers à soie du Chan-toung, quand il dit : « *The annual* « *production of raw silk by the worms (two species) fed with oak tree leaves* « *or on oak trees.....*[2] » Malheureusement il n'en dit pas plus long.

M. F. Moore nous informe, à la date du 2 août 1893, qu'il a décrit en 1892 une nouvelle espèce d'*Antheræa*, découverte en Mandchourie et qu'il a baptisée, en l'honneur de Sir Robert Hart, *Anthereæa Hartii*[3]. Sauf cette exception, dit-il, il ne connaît aucune espèce nouvelle pour la science de séricigènes sauvages découverts en Chine, depuis la publication du livre de M. Natalis Rondot. M. Ch. Oberthür, dans ses *Études entomologiques*, a décrit cependant depuis cette époque trois Saturnies nouvelles, savoir : en 1886, les *Saturnia Davidi*, rapportée par le P. A. David, plusieurs années auparavant, et *Saturnia Bieti*, envoyée de *Ta-tsien-lou*, par Mgr Biet, auquel on doit encore en 1890 la *Saturnia olivacea*. Mais M. Oberthür, en décrivant ces trois espèces nouvelles, ne parle pas du

1. Bulletin de la Société impériale zoologique d'acclimatation, t. II, 1885, p. 268, pl. 2, p. 518.
2. *China. Reports on Silk*, 1881, p. 25.
3. Annals and magazine of Natural History, 1892, p. 450.

cocon qui lui est inconnu[1]. En tout cas, ces espèces sont rares et les chenilles ne sont pas encore connues. D'après Kirby *S. Davidi*, et *S. olivacea* appartiennent plutôt au genre *Rhodia* Moore.

Œufs. — La femelle de l'*A. Pernyi* pond de 200 à 300 œufs en moyenne, mais on en a vu certaines donner jusqu'à cinq cents œufs. Ils sont ronds, légèrement aplatis, de couleur brun foncé et mesurent environ 2 millimètres 1/2 à 3 millimètres de diamètre. Les Chinois les comparent assez heureusement à de la graine de radis. La ponte a lieu deux ou trois jours après la fécondation et dure quelques heures.

Chenille. — L'éclosion des œufs a lieu 5 à 6 jours après la ponte. Les jeunes vers sont, au début, de couleur noire et de la dimension d'une fourmi, d'où le nom de *Hé-yi*, fourmis noires, que leur donnent les indigènes. Les chenilles subissent quatre ou cinq changements de peau, à sept jours d'intervalle environ. Après la première mue, elles deviennent grises, à la suite de la seconde elles sont jaunâtres, puis vertes après la troisième. Elles ont atteint leur taille maxima après la quatrième mue et mesurent alors de 8 à 10 centimètres de longueur avec une grosseur proportionnée; mais c'est au second et au troisième anneau que le corps est le plus gros (2 centimètres); il diminue graduellement vers la queue. Chaque anneau présente six protubérances coniques, couronnées d'un paquet de poils noirâtres, sortant d'une tache brune ou jaune. La tête, d'un brun clair, porte sur sa face antérieure 6 à 8 points noirs oculiformes, que les Chinois prennent tantôt pour des narines, tantôt pour des yeux.

Un peu au-dessus des trois pattes avant et des cinq pattes arrière, se trouve, de chaque côté du corps, un point d'un bleu brillant d'où sortent deux ou trois poils. Plus haut, on voit un trait brun qui traverse les neuf derniers anneaux, et s'élargit sur celui de la queue, où il se réunit au trait de l'autre côté. Cette bande brune n'existe pas sur les trois premiers anneaux qui, à sa place, portent l'un au-dessus de l'autre et de

1. Cf. Oberthür, *Etudes d'Entomologie*, décembre 1886, pl. VII, fig. 51 et 58, et 1890, pl. X, fig. 107.

chaque côté deux taches d'un beau bleu d'azur. Les deux anneaux suivants, le quatrième et le cinquième à partir de la tête, portent, sur le trait brun, deux points brillants ayant l'éclat et la couleur de l'argent bruni. D'Incarville en parle en ces termes : « Ce que cette chenille a de particulier, ce « sont des espèces d'écailles brillantes comme l'argent le plus fin, « quelques-unes en ont au-dessus de chaque stigmate, d'autres en ont « moins ou même point du tout, mais ces dernières ont sur le haut des « tubercules du troisième rang, à l'endroit où sont implantés les poils, « une couronne ou cercle d'un or très vif [1]. ». En somme cette chenille est fort belle.

Vers le quarantième ou cinquantième jour après son éclosion, le ver à soie du chêne sort de sa quatrième ou cinquième mue. En effet, quand il en a eu quatre pour la première éducation, celle du printemps, il en a cinq à celle d'automne. Par contre, s'il en a eu cinq au début, il n'en aura que quatre à la seconde éducation, ce qui en fait toujours neuf en tout pour les deux élevages. On sait en effet qu'il est bivoltin dans les provinces du Nord de la Chine, et univoltin dans celles du Sud ainsi qu'en Europe. En général il est univoltin à l'état sauvage.

Cocon. — Au bout de 46 à 60 jours, pour les vers du printemps, de 56 à 90, pour ceux d'automne, les chenilles commencent à coconer. Pour cela elles réunissent par un filet de soie, les bords d'une feuille dont elles entoureront en partie le cocon. Si la feuille est trop étroite, elles en joindront deux ensemble par le même procédé. Elles filent ensuite une sorte de long ruban de soie étroit, dont une extrémité saisit la branche, tandis que l'autre s'épand dans la bourre du cocon. Le but de cette attache est évidemment de maintenir le tout fixé à la branche et de concourir à la conservation de la chrysalide, qui serait détruite par les animaux sauvages, si le cocon tombait à terre avec les feuilles. Le premier travail de consolidation terminé, l'insecte achève de tisser son enveloppe protectrice, ce qui lui prend en général de 2 à 3 jours. Il la durcit ensuite

1. *Mémoires concernant les Chinois, etc...* T. II. Mémoire sur les vers à soie du chêne, t. II, p. 575, et seq.

et la rend en même temps imperméable, au moyen d'un liquide spécial dont il l'enduit entièrement. Ce grès particulier, tout à fait différent de celui qui recouvre le brin de soie au sortir de la filière du ver, est composé d'urate d'ammoniaque insoluble dans l'eau. La chrysalide est donc admirablement abritée contre le froid et l'humidité. On a vu de ces cocons oubliés sur les arbres, supporter sans que l'insecte fût tué, des froids de près de 30° c. au-dessous de zéro.

Examinons la construction du cocon. Il mesure en moyenne cinq centimètres de longueur sur trois de largeur et quelquefois davantage. Les cocons des papillons femelles, sont plus gros et plus lourds que ceux des mâles. Si nous dépouillons un cocon de sa bourre extérieure ou *blaze* (à laquelle est fixée la cordelette d'attache), et que nous le dévidions soigneusement, après l'avoir ramolli dans un bain alcalin, nous verrons qu'il est formé de trois ou quatre enveloppes successives appelées *vestes*. Ces vestes ne sont ni uniformes, ni complètes, en général elles sont plus épaisses à la partie inférieure du cocon, tandis qu'elles sont plus minces et d'un tissu plus lâche à l'extrémité opposée, celle où se trouve le ruban d'attache et qui correspond à la tête de la chrysalide. Si l'on regarde attentivement cette partie du cocon, on s'apercevra qu'elle n'est pas absolument fermée par l'entrecroisement du fil de soie continu, sauf à la dernière veste intérieure, dite *telette* ou *pellette*. Pour les trois autres enveloppes, les fils sont repliés sur eux-mêmes, formant comme une frange de boucles ou de brides, assez rapprochées et agglutinées pour cacher l'ouverture ainsi ménagée par la chenille et qui est le point de réunion des boucles. Cette ouverture a l'apparence d'une coupure à peine fermée. Au moment de l'éclosion, le papillon, ayant déjà brisé l'enveloppe chitineuse de la chrysalide, ramollit le grès du cocon au moyen d'un liquide incolore qu'il sécrète dans ce but. Il pousse alors de la tête contre la paroi, écarte les fils de la telette et agrandit l'ouverture préexistante au moyen d'une épine cornée et dure, située près de la base de l'aile supérieure, de chaque côté du thorax, et qui a été découverte par le capitaine Th. Hutton, sur les *Actias* et *Antheræa*. L'abdomen du papillon pressé en sortant, laisse échapper un liquide brunâtre sorte de méconium qui teint en brun l'ouverture du cocon[1]. Celle-ci présente alors l'apparence d'un entonnoir dont les bords ont la forme d'un tricot des dernières mailles duquel on aurait retiré les aiguilles. Comme le fait remarquer M. Natalis Rondot, nous avons signalé cette disposition spéciale dans la construction du cocon en 1877[2]. M. Dusuzeau, du laboratoire des soies de Lyon, ayant poussé plus loin l'étude, a montré que, contrairement à notre opinion, le cocon n'était pas complètement ouvert, la telette étant fermée comme dans les autres cocons. Dépourvus de la bourre, les cocons renfermant des papillons mâles ont les deux bouts plus pointus que ceux renfermant des femelles. Ces derniers sont aussi moins durs au toucher. La longueur du fil de soie, ou bave, formant le cocon proprement dit, varie suivant diverses circonstances. Des cocons du Nord de la Chine ont donné de 422 à 652 mètres, soit en moyenne, 500 mètres 80 de soie utilisable, tandis qu'on a vu des cocons obtenus en Europe, dans des conditions spéciales d'élevage, donner jusqu'à 1,200 mètres de soie.

Soie. — Comme dans le cocon du ver à soie du mûrier, la *bave* est formée de deux brins accolés et réunis par le grès. Mais ils présentent une grande différence au point de vue de la forme, de la couleur et de la constitution. En effet le brin du *Sericaria mori* est plein, cylindrique, uni, blanc ou jaune. Suivant les uns, la couleur est placée entre le grès et le corps même du brin formé de fibroïne pure. Suivant d'autres, elle fait partie de la fibroïne. La bave mesure en moyenne 2 à 3 millièmes de millimètre, ou *microns*, d'épaisseur (2 μ à 3 μ). Les brins formant la bave de tous les saturnides ont une surface striée longitudinalement et mesurent ensemble six à sept microns d'épaisseur. Cette bave est donc beaucoup plus grosse que celle du ver du mûrier. Sa coupe présente deux triangles à angles arrondis joints par la base. La bave possède ainsi une forme aplatie que l'on a comparée à celle d'une mèche de lampe. Les extrémités d'un

1. Cf. Th. Hutton, *Remarks on the cultivation of silk in India* dans le JOURNAL OF THE AGRICULTURAL SOCIETY OF INDIA. New Series, vol. I, 1869, pp. 334, 345.
2. A. A. Fauvel, *The Wild Silkworms of the Province of Chan-toung*, p. 12, et dans la CHINA REVIEW, 1877.

fil de cocon brisé montrent, sous le microscope, qu'elles se terminent par une série de fibrilles très tenues. La coupe microtomique fait voir l'air intercalé sous la forme d'une série de points noirs. Un observateur très habile, M. Th. Wardle, a pu séparer les fibriles constitutives du brin au moyen du permanganate de potasse[1]. En étudiant les filières de l'insecte, on a pu se convaincre qu'elles n'étaient pas multiples, mais simplement doubles comme celles du ver du mûrier. Un préparateur de la faculté des sciences de Lyon, M. L. Blanc, a montré, par des coupes très délicates pratiquées dans le *corpus sericeum*, que la fibroïne qu'il contient est homogène dans le *Sericaria mori*, tandis que dans les saturnides elle est parsemée d'un grand nombre de cavités remplies d'un liquide albumineux. « En passant « à travers les *tubes excréteurs* et la filière, la fibroïne est étirée et les « cavités s'allongent en même temps. La soie se dessèche et le liquide « des cavités est remplacé par de l'air. » De là l'aspect strié et fibreux de la bave des vers du chêne, de l'ailante et autres saturnides. D'après M. Blanc, la fibroïne est incolore aussi bien dans les glandes séricigènes que dans le cocon aux premiers temps de sa formation. En effet, celui-ci est alors à peu près blanc. Suivant cet auteur, la coloration brune du cocon serait due à la présence, dans la bave, d'une oléo-résine qui, en s'oxydant à l'air, lui donnerait cette couleur[2]. D'après le Colonel G. Coussmaker, qui observait dans l'Inde le S. Mylitta dès 1870, la chenille file une bave blanche, puis sécrète un liquide *(cement)* contenant de l'urate d'ammoniaque qui colore le cocon, le durcit et le rend imperméable. D'après M. Royet, ce liquide est limpide et incolore. Il ne prendrait donc sa coloration que par une oxydation subséquente, comme le croit d'ailleurs M. Blanc. La telette, bien que très vernie par ce liquide, reste ordinairement blanche, sans doute parce qu'elle échappe à l'action oxydante de l'air contre laquelle elle est protégée par les vestes supérieures.

1. Th. Wardle, *The Wild Silks of India principally Tusser*. London, 1re édition, 1879 ; 2e édition, 1880, p. 21.
2. *Handbook of the collection illustrative of the Wild silks of India in the indian section of the South Kensington Museum*. London, 1881, p. 27.

PHILOSAMIA CYNTHIA DRU. *ATTACUS C.*

Il fut observé en Chine pour la première fois par le P. d'Incarville à Peking vers 1740[1]. « Le ver, dit-il, est une chenille de la première classe « selon le système de M. de Réaumur, elle est d'un verd mêlé de blanc im- « parfaitement rase à six tubercules, six sur chaque anneau. Les poils de « ces tubercules sont chargés d'une espèce de poudre blanche. »

Dans les éducations que nous avons faites de cette chenille au Chantoung, nous l'avons trouvée entièrement couverte de poudre blanche après la troisième mue. D'après le savant jésuite, elle vit sur le Frêne (nous avons vu qu'il désignait ainsi l'ailante glanduleux), mais elle mange encore les feuilles de plusieurs autres plantes, entre autres celles du *Zanthoxylum* que d'Incarville appelle le *Fagara* ou poivrier de la Chine.

Il dit en effet dans son Catalogue des plantes, etc... « L'autre espèce « (différente de celle du chêne) se nourrit sur une espèce de frêne que « les chinois nomment *Tcheou tchun*. Elle mange aussi des feuilles d'orme « et de fagara qui est le poivrier de la Chine. » Il est possible qu'elle puisse vivre encore sur d'autres espèces d'arbres entre autres sur le *Cedrela sinensis* qui ressemble beaucoup à l'ailante, ce qui a fait écrire au docteur Mc Cartee: *There are two kinds of ailantus upon which the ai-* « *lantus silkworm is fed, the first is called Hsiang tchun or fragrant ailantus* « ...... *the other species is called Tcheou tchun or fetid ailantus...* »

Mais il parle par ouï dire, car il avoue avoir essayé en vain de nourrir les vers de l'ailante, qu'il avait obtenus d'une femelle sortie d'un cocon trouvé dans le jardin d'un voisin, avec toutes sortes de feuilles y compris celles du ricin[2]. Ceci prouve bien d'ailleurs qu'il se trompe également en

1. D'Incarville. *Catalogue alphabétique des plantes et drogues simples que j'ai vues en Chine* avec quelques observations que j'ai faites depuis quinze ans que je suis dans le pays, 1740. Paris, Bibliothèque Nationale, Manuscrits, Collection Bréquigny, Chine, t. II, fol. 154, p. 10.

2. *Some years ago the children of one of my neighbours..... while at*

identifiant le *Saturnia* de l'ailante du Chan-toung (où il se trouvait) avec le *Saturnia Cynthia* de l'Inde, qui vit fort bien sur le *Ricinus communis*, mais non sur l'ailante ou le Cedrela. Le *S. Cynthia* de l'Inde est différent de celui de Chine, c'est le *Philosamia lunula* de Walker = *Attacus ricini* Hutton.

Il est probable que les premiers spécimens du papillon de l'ailante de la Chine que l'on connut en Europe furent ceux envoyés de Peking à Mortimer de Londres par le P. d'Incarville en 1751. Dans son catalogue alphabétique, au mot chenilles, il dit : « Dans la province de Chan-toung il y a « les deux espèces qui donnent les papillons dont j'envoie les ailes. J'avais « renfermé les papillons entiers dans une boëte avec du camphre ; les vers, « malgré cela, les ont mangés. De la soye de ces deux espèces de chenilles « on fait deux sortes d'étoffes qu'on nomme *Kien tcheou*. On trouvera « dans la suite un mémoire sur cette étoffe dans les Mémoires des corres- « pondants de l'Académie des Sciences de Paris. On m'avait demandé ce « mémoire. La matière a paru intéressante. » C'est sans doute de ce mémoire, que nous n'avons pu retrouver, qu'est tirée l'analyse publiée par le P. Cibot. Malheureusement elle ne donne pas la diagnose du papillon qui ne fut décrit que longtemps après la mort de d'Incarville par Daubenton sous le nom de *Le Croisant*, puis plus scientifiquement par Drury en 1770.

Papillon. — Le papillon du *Philosamia Cynthia* mesure en moyenne 17 centimètres d'envergure. La coloration générale est d'un gris olivâtre cendré mélangé çà et là de jaune ou de brun foncé se fondant en des teintes plus claires au voisinage du corps ou du bord des ailes. Celles-ci sont traversées diagonalement par une bande blanche ondulée bordée de

play in the garden found the cocoon of a wild silkworm which was brought to me as a curiosity. When the moth made its appearance I recognised it as the female of the Arrindy moth figured in Jardine's Library. I placed it in a small bird cage, which I put in an open window, and the next morning I found it had been visited by a male of the same species which still remained upon the bars of the cage. From their union resulted a numerous crop of eggs... Doctor B. Mc Cartee, *On some wild silk worms of China*. JOURNAL OF THE ROYAL ASIATIC SOCIETY CHINA BRANCH, April 13, 1866.

brun en dedans et de jaunâtre en dehors. Une ligne ondulée de même couleur se trouve près de l'extrémité des ailes supérieures où l'on remarque un œil mi-partie noir et blanc. Une ligne étroite et de couleur foncée court parallèlement au bord des ailes. Dans les inférieures, elle est double et coupée en de nombreux segments. Les taches vitrées sont longues, étroites en croissant d'où le nom de *Cynthia* (la lune). Leur bord supérieur offre une double ligne blanche puis noire. Le bord inféreur ou concave est formé par une bande blanche plus large se fondant en un large trait jaune. On trouve aussi deux lignes blanches traversant les ailes supérieures près du corps. Elles manquent dans les ailes inférieures du *P. Cynthia*, mais existent sur le *P. lunula*. Le corps est de couleur d'ochre jaune relevé par trois rangs de poils blancs sur le dos et une rangée d'anneaux blancs de chaque côté du ventre. Les femelles sont plus grandes que les mâles et ont les antennes moins largement pectinées.

Habitat. — Le *Ph. Cynthia* vit dans toutes les provinces du nord et du centre de la Chine. Il fait l'objet d'éducations à l'air libre et est par suite demi-domestique, spécialement dans la province de Chan-toung. Il se trouve encore dans les provinces du sud du Fleuve Bleu, mais à l'état sauvage et c'est par erreur que la commission des douanes de Han-kéou prétend que le Kouéï-tchéou produit de la soie du ver de l'ailante. M. White a évidemment confondu, car le *Kien-tchéou* de cette province est un tissu de soie du ver du chêne[1]. Il parle de l'ailante qu'il désigne sous le nom d'*Ailantus globulosa* (il veut dire évidemment *glandulosa)*, comme nourrissant le *Tchéou-tsan* (ver fétide) dans les environs de Han-kéou. Nous ne l'y avons jamais observé, mais il est probable que ce ver, qui est celui du *Ph. Cynthia*, existe à l'état sauvage au Hou-pé comme dans les provinces du sud. On dit qu'il se trouve jusque dans l'Inde le long de l'Himalaya, où il vit sur divers arbres, entre autres l'*Ailantus excelsa* et *glandulosa*, le *Coriaria nipalensis*, le *Zanthoxylom hostile*. On sait qu'au Chan-toung et au Tche-li il mange aussi les feuilles d'un ou

1. *China. Imperial Maritime Customs. Special Series.* SILK. p. 34. Report on Hankow by F. W. White.

plusieurs *Zanthoxylon*. En effet, on trouve aux environs de Pe-king le *Z. Bungei* et nous avons recueilli au Chan-toung des échantillons que M. Franchet a reconnus pour appartenir au *Z. piperitum*, *Z. schinifolium* et *Z. Bungei var. imperforatum*. Nous n'avons pu savoir exactement sur quelle variété les prêtres des temples du *Lo-chan*, près de *Tsi-mei-hien*, dans cette province, élèvent les chenilles du *Ph. Cynthia*. Il est probable que c'est sur l'espèce cultivée du *Z. Bungei*.

D'Incarville considéra d'abord comme deux espèces différentes les vers mangeant les feuilles du Fagara *(Zanthoxylon)* et ceux vivant sur le Frêne *(Ailantus)*, mais il reconnaît plus tard son erreur et dans l'analyse de son mémoire par Cibot, il est dit : « Les vers du Fagara et du Frêne « sont les mêmes et s'élèvent de la même façon. » Les textes chinois, comme les dires des paysans du pays, sont d'ailleurs formels à ce sujet et établissent bien qu'on peut nourrir le ver du *Tchéou-tchoun* (ailante) sur le *Hoa-tsiao*. Les habitants du Chan-toung nous ont confirmé ce qu'ils avaient déjà dit à Mr Cartee et à Williamson, à savoir, que la fameuse soie de couleur très foncée, dont parle ce dernier sous le nom de *black silk*, du chinois *hé-se* (soie noire), et qui est tissée par les prêtres des monastères de la chaîne du *Lo-chan* près *Tsi-mei-hien*, provient des vers de l'ailante élevés sur le *Zanthoxylon*. On peut commencer l'éducation sur l'une de ces espèces d'arbres et la finir sur l'autre. Nous avons vu que, d'après d'Incarville, le *Ph. Cynthia* mangerait aussi la feuille de l'orme. Nous ne savons s'il en a fait l'expérience, mais la chose nous paraît douteuse et cette affirmation serait, croyons-nous, le résultat d'une erreur de traduction. L'un des anciens caractères représentant l'ailante se prononce en effet *Yü*, comme celui qui représente l'orme, mais ils ne s'écrivent pas de la même façon. Mr Cartee, traduisant un mémoire d'un lettré de Tché-fou, sur ce sujet, dit en effet : « Les cocons de l'ailante et ceux du poivrier sont « produits par un même ver : quand ces vers ont été élevés sur l'ailante, « appelé *Tchéou-tchoun* et quelquefois *Yü*, les cocons s'appellent *Yü-kien*, « cocons du Yü. » Malheureusement d'Incarville et Cibot n'ont pas reproduit le caractère chinois, ce qui eût évité toute erreur.

Œufs. — Un jour ou deux après l'éclosion et la fécondation, les femelles pondent plusieurs centaines d'œufs, de forme ovale, mesurant 2 millimètres de longueur sur 1 millimètre de largeur. Ils sont de couleur blanc crème, ponctués de points foncés et très fins, disposés en lignes dans le sens de la longueur.

Chenille. — Dans les quelques éducations que nous avons pu faire au Chan-toung, l'éclosion des cocons se produisait fin juin ou au commencement de juillet sans qu'il ait été nécessaire de les chauffer. Vu la chaleur de l'été, elle se faisait tout naturellement, à l'encontre de celle des cocons des vers du chêne ; ceux-ci, étant bivoltins, ont deux éducations dans l'année, ce qui nécessite une éclosion plus précoce des cocons au commencement du printemps. Le ver de l'ailante est univoltin, il passe l'hiver et le printemps dans le cocon. La ponte ayant eu lieu au commencement de juillet, les jeunes chenilles sortaient de l'œuf huit ou dix jours plus tard. A leur naissance, elles sont uniformément grises, couvertes de poils plus foncés. Après la première mue, qui a lieu 7 à 8 jours après l'éclosion, elles prennent une couleur jaune-brillant, semée de points noirs. Sept jours plus tard arrive la seconde mue, la tête, de noire qu'elle était, passe au jaune, le corps ne changeant pas de couleur. La troisième mue arrive après une nouvelle période de cinq à six jours et laisse les chenilles entièrement couvertes d'une poudre blanche, au-dessous de laquelle la peau a une couleur d'un bleu verdâtre ; le bleu domine dans les six protubérances coniques qui ornent chacun des anneaux de l'insecte et sont couronnées de poils rayonnants. Les pattes sont bleues avec les extrémités jaunes, comme la tête et la queue sur laquelle on remarque deux bandes de cette couleur. Quelques lignes de points noirs très fins se voient sur le corps. La chenille atteint sa dimension maxima, après la quatrième mue, elle est alors âgée de plus de vingt jours. Elle mesure à ce moment 7 à 8 centimètres de longueur sur 1 à 1 1/2 de largeur. Environ 28 à 30 jours après sa naissance, c'est-à-dire fin juillet, elle commence à filer son cocon.

Cocon. — Choisissant une feuille, elle la tapisse de soie, en rapproche les bords par quelques fils, puis tisse un long cordon plat, large d'environ un à deux millimètres, qu'elle attache solidement par une extrémité au pétiole de la feuille ou à une branche. L'autre extrémité se perd dans la veste extérieure du cocon, qu'il préserve ainsi de la chute sur le sol au moment de la tombée des feuilles. Nous avons vu de ces cordelettes d'attache mesurant 38 centimètres de longueur, mais la dimension moyenne est de 15 à 20 centimètres. Les cocons sont en forme d'olive allongée, et pointus à chaque extrémité. Ils ont de 5 à 6 centimètres de longueur sur 1 à 2 centimètres de largeur maxima. Ils sont toujours plus d'à moitié couverts par la foliole de l'ailante, qui enlevée laisse son impression satinée sur la bourre. L'extrémité céphalique, correspondant au point d'attache de la cordelette de suspension, est naturellement ouverte, ainsi que l'avait fort bien remarqué d'Incarville : « Ce cocon, « dit-il, a une des extrémités ouvertes en forme de cône renversé, c'est un « passage préparé pour le papillon qui doit en sortir. Avec le secours de « la liqueur dont il est mouillé et qu'il dirige vers cet endroit, les fils « humectés cèdent à ses efforts ». A l'encontre du cocon de l'*A. Pernyi*, cette ouverture n'est pas dissimulée et préalablement fermée par le rapprochement de ses bords collés ensemble par le grès ou par le liquide que sécrète ensuite la chenille pour durcir et imperméabiliser le cocon. Dans celui du *Ph. Cynthia* l'air peut pénétrer, en filtrant à travers les fils de soie qui, sur la longueur de 6 à 8 millimètres, formant le col de l'ouverture, ne sont pas agglutinés. Par contre ils opposent une barrière infranchissable aux insectes. La couleur de la soie, d'un gris très clair dans la blaze, se fonce vers l'intérieur. La telette est d'un brun café au lait, plus ou moins clair suivant les cocons. Le papillon n'ayant pas besoin, pour sortir du cocon, d'émettre une liqueur dissolvante du grès et l'ouverture étant très élastique, il n'a qu'à pousser de la tête pour quitter sa prison. En conséquence, il ne tache pas le cocon en sortant et l'apparence de celui-ci est la même après comme avant l'éclosion. Il est donc dévidable dans les deux cas, seulement l'eau pénétrant à l'intérieur il coule au fond de la bassine. On doit donc imiter le procédé chinois et dévider ces cocons à sec, ou sur les appareils spéciaux à olives du docteur Forgemol, dont nous parlerons au chapitre de l'élevage et de l'industrie. Il y a très peu de différence entre les cocons des deux sexes (ceux des femelles sont cependant plus gros et plus lourds). Les Chinois les appellent *Ch'u kien*, cocons d'ailante, ou *Siao-kien*, petits cocons, par opposition à ceux des vers du chêne qu'en raison de leurs dimensions plus fortes ils appellent *Ta-kien*, gros cocons. Ils distinguent par le nom de *Tsiao-kien*, cocons du poivrier, ceux des vers élevés sur le Zanthoxylon.

Soie. — Nous avons vu que d'Incarville, comme les Chinois du Chan-toung, affirme que ce sont les mêmes vers qui mangent les feuilles d'ailante et du Zanthoxylon. Comme nous n'avons jamais vu ni les cocons ni les papillons des vers de ce dernier, il nous est impossible d'affirmer que ce n'est pas une variété de *Philosamia*. M. N. Rondot et les commissaires des douanes chargés de faire des enquêtes à ce sujet n'ont pas été plus heureux que nous et personne encore n'a pu se procurer même un échantillon de la fameuse soie noire de ces vers dont d'Incarville disait : « Les vers à soie de cet arbre (le poivrier de la Chine, Fagara), sont ceux « qui donnent la plus belle soie et en plus grande quantité. »

Voici ce que nous savons, touchant le ver du Zantoxylon et sa soie.

Suivant les gens du pays, que nous avons interrogés à ce sujet, le ver du *Hoa-tsiao*, ne pouvant envelopper son cocon dans les feuilles trop petites de cet arbre, descend le cacher dans la terre, d'où le nom de *Tou-kien*, cocons de terre, que l'on donne aussi au Chan-toung à ces cocons. Si cette observation est exacte, ce qui est douteux, cela indiquerait qu'il existe une variété spéciale de *Philosamia*.

On dit que la soie de ces vers est noirâtre et possède l'odeur poivrée caractéristique du *Zanthoxylon*, ce qui la garantit contre les attaques des insectes et lui donne une grande valeur aux yeux des Chinois. Or, on sait que la couleur de la soie peut être influencée par la nourriture du ver.

L'on a remarqué, en effet, au Ching-king, que certains vers du chêne, mangeant les nervures et le pétiole des feuilles, donnaient une soie d'un brun noirâtre, sans doute par un effet chimique du tanin plus abondant en ces parties de la feuille. Aussi ne peut-on baser là-dessus, comme le fait M. N. Rondot, l'hypothèse que la différence remarquée entre la soie du ver du Zanthoxylon et celle du ver de l'ailante « provient de ce que

« ces deux vers n'appartiennent pas, comme on l'a admis jusqu'à ce jour, « à la même espèce. »

Il est fort probable qu'il existe au Chan-toung plusieurs variétés de Ph. Cynthia dont les caractères sont beaucoup trop rapprochés pour que les Chinois, d'ailleurs peu scientifiques, aient pu les différencier. Les entomologistes européens eux-mêmes ne sont pas toujours d'accord et la synonymie, même dans le dernier ouvrage paru (le Catalogue de Kirby), montre combien on est peu d'accord sur la valeur des différentes espèces, constamment prises les unes pour les autres.

Le savant entomologiste anglais Leech, qui s'occupe spécialement des lépidoptères de la Chine et du Japon, considère comme identiques avec l'*Attacus (Philosamia) Cynthia :*

1° L'*Attacus Cynthia* de Cramer, dont Kirby fait une variété de *Philosamia Walkeri* Felder.

2° L'*Attacus Pryeri* Butler, que Kirby catalogue comme une espèce distincte sous le nom générique de *Philosamia.*

3° L'*Attacus Walkeri* de Felder, considéré également par Kirby comme une espèce spéciale de *Philosamia.*

Il est possible qu'il faille y ajouter encore le *Ph. lunula,* Walker, du ricin et que toutes ces espèces ne soient basées que sur des différences de structure ou de coloris dues à des influences locales de climat ou de nourriture. Nous devons cependant ajouter que, consulté par nous à ce sujet, M. Leech nous a répondu qu'il est parfaitement sûr que les espèces étudiées et nommées par lui sont distinctes. On tend cependant aujourd'hui à diminuer plutôt qu'à augmenter le nombre des espèces, celles-ci ayant été établies, trop souvent, sur un nombre de spécimens insuffisant quand elles ne l'ont pas été sur un échantillon unique.

Si nous revenons au genre Philosamia, nous remarquerons que M. N. Rondot a reçu de Chine des papillons qui ont été déterminés scientifiquement comme appartenant à des espèces distinctes. Voici la principale :

PHILOSAMIA WALKERI FELDER.

Vers 1881, MM. Kleinwächter et Kopsch, successivement commissaires des douanes à Ning-po, envoyèrent à M. N. Rondot des papillons et des chenilles, ces dernières conservées dans l'alcool, ainsi que des cocons, d'un ver vivant sur les camphriers de la province de Tché-kiang et appelé par les Chinois *Tchang-chou-tsan*, ver à soie du camphrier (*Cinnamomum camphora*).

Papillon. Chenille. — Le papillon diffère très peu de celui de l'ailante, il en est de même de la chenille, qui doit être verte, les échantillons en montrant quelques-unes de cette couleur.

La détermination de l'espèce est due à Felder. Le papillon mesure 14 1/2 à 15 centimètres d'envergure, il est donc plus grand que celui de l'ailante.

Cocon. — Les cocons sont comme ceux du *Philosamia Cynthia*, ouverts à l'extrémité céphalique. Ils sont de couleur canelle, quelquefois gris cendré et mesurent 35 à 60 millimètres de longueur sur 14 à 18 millimètres de plus grand diamètre. Ils sont souvent recouverts de une ou deux feuilles de camphrier. On ne parle pas de ligament suspenseur comme dans ceux de l'ailante. Il est probable que, comme le camphrier ne perd pas ses feuilles en hiver, cet appendice, devenant inutile, n'est pas filé par la chenille. La bourre n'est abondante que quand le cocon n'est pas recouvert par une feuille. La bave est de couleur rousse, couverte de stries longitudinales très fines et comme ondulées. Son diamètre varie de 39 à 32 millièmes de millimètre de la *blaze* à la *telette*. Cette espèce sécrète un *grès* particulier insoluble dans les bains alcalins ordinaires. Même dans une dissolution bouillante de carbonate de soude, la bave de la telette n'a pu être décreusée. Il a été trouvé en différents points de la province du Tché-kiang, entre autres à *Yang-lou*, et l'on croit qu'il est bivoltin, étant donné la présence de jeunes chenilles sur les arbres au mois de juillet[1]. Ceci ne nous paraît pas un argument certain, car il se peut fort bien que, comme le papillon de l'ailante, il ne sorte du cocon qu'au mois de juin.

1. Cf. N. Rondot, *L'art de la Soie*. Les soies, vol. II, p. 105.

SATURNIA PYRETORUM WESTWOOD.

La famille des Saturnides fournit en Chine un ver à soie vivant sur le *Liquidambar formosana*. Il en est question pour la première fois dans les livres chinois, entre autres dans le *Tche-wou-ming-che-tou-kao*, qui dit que, dans la province de Canton, on emploie la soie tirée de ces vers pour faire du cordonnet de soie et des cordes d'instruments de musique.

Le premier Européen qui en donna la description fut Westwood, en 1848. M. Theos. Sampson, de Canton, écrivant en janvier 1869, dans les *Notes and Queries on China and Japan*, un article sur l'arbre *Feng*, Liquidambar de Formose, dit qu'un ver vivant sur cet arbre produit une soie grossière, nommée *Cheng-hsiang-kien*[1].

Un correspondant d'Amoy, qui n'était autre, croyons-nous, que le Dr Schlegel, alors consul de Hollande dans ce port, écrivant dans la même revue quelques mois plus tard (mars 1869) et un naturaliste observateur qui résida quelque temps dans ce même port, affirment que, en plus de cette utilisation du cocon, on retire de la chenille un fil de soie très fort employé en guise de crin de Florence pour les lignes à pêche. Dans le nº 4 du vol. IV (avril 1870) de cette même revue, M. Ch. Piton, missionnaire protestant dans le sud de la Chine, redresse les affirmations de son confrère M. Theos. Sampson. La soie dite *Ching-heong-kien* ou *Cheng-hsiang-kien*, n'est pas, suivant lui, le produit du cocon du ver de l'arbre Feng, mais bien celle d'une autre chenille qui mange les feuilles de divers arbres, entre autres de l'arbre à suif « tallow tree », le *Stillingia sebifera*. « Cette chenille est appelée *Fung-tsham* (ver farine), son corps « étant couvert d'une fine poudre blanche, tandis que le ver du Liqui- « dambar s'appelle *Fung-tsham*, ou ver de l'arbre Fung. Le papillon

1. Notes and Queries on China and Japan. Hongkong, January, 1869, vol. 3, nº 1. *The Fung tree* by Theos. Sampson, pp. 4 à 7. « *In China the leaves afford food for caterpillars which produce a coarse kind of silk known as Cheng-hsiang-kien* ».

« est plus grand que celui du *Fung-tsham* et s'appelle *Tsham-gno*. Il se « voit fréquemment à Hong-Kong et dans le voisinage. Je l'ai vu voler « là pendant le jour et il est facile à prendre, tandis que celui du *Fung-* « *tsham* vole dans la soirée et si rapidement qu'il est presque impossible « de le capturer. » Il raconte ensuite comment, lorsque les Chinois veulent faire une éducation du ver du Stillingia *(Fung-tsham)*, « ils capturent une « femelle, l'attachent par une patte sur une perche en bambou qu'ils « piquent en un certain endroit, alors un mâle vient bientôt lui tenir « compagnie! Les œufs que la femelle pond ensuite sur l'extrémité de « la perche, où on a fixé pour cela un peu de paille, sont mis de côté et « donnent naissance à des jeunes vers que l'on porte sur un arbre à suif, « où ils grossissent et font leurs cocons qui se vendent trois à quatre « sapèques pièce. Le papillon est plus grand que celui du Liquidambar. » Or, cette description de la chenille et de son éducation s'applique parfaitement avec ce que nous connaissons du ver à soie de l'ailante qui, dans la province de Canton, mangerait ainsi les feuilles du Stillingia. Quant à la soie de *Ching-heong-kien*, qu'il propose de lire *Ch'ang-hiang-kien*, elle prendrait son nom d'une ancienne dénomination de *Kia-yin-tchéou* dans la préfecture de *Hou-tchéou* et ce nom voudrait dire cocon de *Kia-yin-tchéou*.

Quant au ver du Liquidambar, *Fung-tsham*, toujours suivant M. Ch. Piton, son cocon serait sans emploi. On ne se sert, en effet, que du *Corpus sericeum* de la chenille prête à filer pour en tirer un gros fil à pêche « silkworm gut ».

Dans le n° 1, vol. IV, du 15 février 1870, des *Notes and Queries...*, M. Theos. Sampson donne un article sur le ver à soie sauvage du Liquidambar. Il affirme à nouveau que le tissu grossier et bon marché, mais très fort et très durable, appelé *Ching-heong-kien*, qu'il possède, provient bien du ver vivant sur le Fung, d'après les Chinois qui le lui ont affirmé. Il avoue cependant n'avoir point vu les phases diverses de cette fabrication. Cependant, voulant se rendre compte par lui-même de la possibilité de la chose, il raconte les essais qu'il a tentés l'année précédente pour élever ce ver. Le 12 mai 1869, il fit venir de *Sai-ts'iu-chan*, montagne célèbre à vingt-cinq milles à l'ouest de Canton, une provision de ces vers encore attachés aux feuilles du *Foung*. Il en conserva quelques-uns dans l'alcool et essaya d'élever les autres. N'ayant pas de Liquidambars dans son voisinage, il leur offrit des feuilles de mûrier qu'ils refusèrent de manger. Il les perdit presque tous, sauf quelques-uns qui tissèrent prématurément de mauvais cocons où mourut la chrysalide. Il put cependant identifier ces cocons avec d'autres qu'on lui apporta encore fixés sur les branches du Liquidambar et qui provenaient du même endroit. Ces derniers lui donnèrent plusieurs papillons des deux sexes dont il ne put conserver qu'un échantillon, les autres ayant été détruits par les domestiques et les chats.

Voici la description qu'il donne des chenilles et de l'insecte parfait :

Chenille. — La chenille, 5 à 6 1/2 centimètres de longueur sur 1.25 centimètre de diamètre. La face inférieure du corps est de couleur vert de mer, les côtés et le dos sont marqués de raies longitudinales d'un bleu turquoise éclatant, alternant avec des raies d'un jaune serin. Les raies extrêmes de chaque côté sont bleues tandis que la raie médiane ou dorsale est jaune. Sur chacune des bandes jaunes (à chaque anneau) s'élèvent onze protubérances charnues peu développées *(obtuse)* n'ayant que 2 millimètres 1/2 de hauteur sur la même largeur ; autrement dit, on compte six de ces protubérances sur chacun des onze premiers anneaux, le douzième, ou segment anal, en ayant deux qui ressemblent plutôt à des pattes avortées. Ces espèces de tubercules sont surmontés chacun d'une demi-douzaine environ de poils jaunes, disposés en étoile et ayant des longueurs variant entre 2 millimètres et 12 millimètres [1].

Cocon. — En forme de poire très allongée, le cocon est d'une couleur brune. Il n'a nullement l'apparence soyeuse. Il adhère si fortement aux petites branches ou aux fourches des rameaux de l'arbre sur lequel vit la chenille, qu'on ne peut l'arracher du bois sans l'avoir préalablement

1. *Notes and Queries on China and Japan.* New series, n° 1, vol. IV, p. 10. *The wild silk worm,* Theos. Sampson. Il attribue une couleur verte aux raies bleues.

mouillé. Autrement en voulant forcer la séparation on le brise plutôt que de le détacher. Les fibres dont il est formé sont réunies ensemble par la même substance que celle qui le fixe aux branches. Il est ouvert à l'extrémité la plus large, par laquelle s'effectue la sortie du papillon. La soie est gris d'argent ou gris brunâtre et très tenace.

Papillon. — D'après les spécimens imparfaits que j'ai obtenus, dans les circonstances défavorables dont j'ai parlé, le papillon mesure de 10 à 12 1/2 centimètres d'envergure. Les ailes sont pareilles dans les deux sexes. La couleur du fond est un joli rose pâle agrémenté d'élégants dessins de diverses nuances de brun. Sur les ailes extérieures *(outerwings)* ou supérieures, ces dessins prennent en quelque sorte la forme des lignes de pics aigus et irréguliers que l'on voit sur les diagrammes de nos atlas modernes où ils représentent les hauteurs relatives des montagnes. Chacune des quatre ailes est munie d'un œil de diverses couleurs et de teintes plus foncées que les autres dessins et merveilleusement tracé. Le corps de la femelle mesure 3 centimètres 125 de longueur extrême sur 1 centimètre de largeur, dimension qui se maintient dans toute sa longueur. Il est tout d'abord uniformément couvert de poils noirs, sur lesquels on voit ensuite paraître des anneaux d'un rose pâle. Le corps du mâle est plus petit, mais pareil en tout autre point. Les antennes qui mesurent environ 12 millimètres de longueur ont dans le mâle cette apparence de plume qui caractérise les Bombycides : celles de la femelle sont plus étroitement pectinées.

Theos. Sampson compare ce papillon et sa chrysalide à l'insecte parfait et à la chrysalide d'un crépusculaire américain, le *Telea polyphemus,* auxquels ils ressemblent beaucoup selon lui. Il ajoute que le cocon fournit de la soie dite *Ching-heong-kien* et que le crin de Florence tiré de la chenille sert pour faire des filets et des fils à pêche. Ces descriptions et comparaisons s'appliquent parfaitement au *Saturnia pyretorum* de Westwood, qui se trouve dans toute la Chine méridionale, de Canton à Chang-haï et peut-être même jusqu'à Tché-fou, où nous croyons l'avoir vu.

Le *Saturnia pyretorum*, chenille, cocon, papillons mâle et femelle et la soie ont été envoyés à M. N. Rondot par M. F. Kock, de Canton, qui se l'était procuré au *Si-chiao chan* (ou *Saï-ts'iu chan*), dans le département de *Kao-tchéou-fou* de la province du Kouang-toung, où il se trouve à l'état sauvage et est même commun. M. Lay, commissaire des douanes à Kioung-tchéou, l'a signalé comme vivant à l'état sauvage dans l'intérieur de l'île de Haï-nan, sur le *Liquidambar formosana* de Hance et sur le Camphrier. D'après lui, il ne fournissait pas d'étoffes de soie, mais simplement du crin de Florence, dont l'île exporte par an 7,200 kilogrammes. La plus grande partie va en Angleterre, où il est estimé à l'égal du meilleur fil à pêche italien, pour lequel il est évidemment vendu avec grand bénéfice, étant donné qu'il coûte beaucoup moins cher à produire, vu le bon marché extrême de la main d'œuvre chinoise. M. J.-L. Chalmers, commissaire des douanes à Pak-hoï, port le plus sud de la province du Kouang-toung, dans son rapport en date du 15 octobre 1880, décrit comme suit cette fabrication : « Quand la chenille, ayant acquis tout son dévelop-« pement, est sur le point de se transformer en chrysalide, on ouvre « son corps et on en extrait le *corpus sericeum*. En l'étirant rapidement « entre les doigts on obtient un gros fil de soie ressemblant à une corde à « boyau. On lui fait subir une préparation spéciale qui le durcit et donne « un excellent fil à pêche. » Nous avons lu ailleurs que ce procédé consistait simplement à tremper le fil obtenu dans du vinaigre[1]. D'après M. Chalmers, la chenille vit sur le camphrier et il semble en faire une espèce différente de celle du Liquidambar, que l'on trouve à Kao-tchéou et qui, dit-il, donne une soie très appropriée, par son bon marché et sa solidité, à la confection de vêtements grossiers.

Un autre fonctionnaire des douanes chinoises, M. J. Porter, écrivant de Canton sur le même sujet, dans les réponses aux demandes de M. N. Rondot, parle des vers vivant à l'état sauvage, sur le camphrier et autres arbres voisins, non seulement aux collines du *Lo-feou chan*, mais encore

1. Cf. Chinese Imperial maritime customs. *Reports on trade. Pakhoï*, C. C. Stuhlmann, 1878. Notes and Queries on China and Japan, vol. III, p. 47, pour le procédé employé à Amoy.

dans toute l'étendue de la province du Kouang-toung. Une très petite quantité de cette soie suivant lui, de 60 à 120 kilogrammes, serait retirée de ces cocons et entièrement employée sur place, car on n'en exporte pas. Le nom local du ver est, dit-il, *Tin-tsan*.

Suivant le commissaire de douanes de Fou-tchéou, M. Hannen, les fils à pêche y étaient autrefois importés par jonques de Haï-nan, sous le nom de *Tchang-tchoung-se* (soie du ver du camphrier). Les îles Lieou-Kieou en consommaient aussi une certaine quantité. En 1880, la valeur de ces *crins de Haï-nan* était de 300 dollars le picul, soit 1,500 francs les 60 kilog. 450. Une qualité inférieure était aussi importée de la province du Kiang-si, et ne valait plus que 60 dollars ou 300 francs les 60 kilogrammes 450.

D'après M. N. Rondot, on obtient en Chine une assez grande quantité de cocons du *Saturnia pyretorum*, puisqu'il en estime le produit en soie à 30,000 kilogrammes par an. Voici, d'après les statistiques des douanes, la quantité de cette soie et du fil à pêche exportés de Kioung-tchéou, port septentrional de l'île de Haï-nan :

ANNÉES	SOIE	FIL A PÊCHE
1881	22,718 kilog.	2,646 kilog.
1882	4,994 »	1,770 »
1884	5,384 »	2,300 »

La récolte des cocons, ou plutôt la cueillette des chenilles, est l'objet d'un monopole pour lequel une redevance est payée à l'État.

Le docteur H.-F. Hance a fait savoir à M. N. Rondot, qu'il existe dans les environs d'Emouï ou Hia-men (mieux connu sous le nom d'Amoy), une très grande chenille verte vivant sur le Liquidambar et dont on tire une matière soyeuse très résistante, employée pour faire des cordes d'instruments de musique et des fils à pêche. Cette soie est appelée *Tang-si*, et la chenille *Feng-tang* en dialecte du pays, soie de chenille et chenille du Liquidambar.

Le docteur Schlegel, dont nous avons déjà parlé, comme consul de Hollande à Amoy, aujourd'hui professeur de chinois à Leyde, a publié récemment dans le *Toung-pao* un article très intéressant sur le pays de *Fou-sang*, qu'il identifie avec l'île de Saghalien. On y lit ceci au sujet de l'insecte en question : « Nous avons déjà mentionné cette chenille [1] et « l'usage que l'on fait de son *corpus sericeum*. Or, cette chenille vit à « Saghalien ou île de Krafto. On lit dans les « Nippon archiv » de Von « Siebold (VII, 173) que « les Japonais troquent avec les Aïnos quelques « autres marchandises comme des lignes de pêche appelées *Su si* et « fabriquées du *corpus sericeum* d'une chenille. »

« Voici ce que Hoei-chin, pèlerin chinois du ve siècle (499 A. D.) « raconte à ce sujet : « Les vers à soie à *Fou-sang* ont sept pieds de lon- « gueur et sept pouces d'épaisseur et sont luisants comme l'or. Ils ne « meurent pas pendant les quatre saisons, mais le huitième jour du cin- « quième mois (juin) ils crachent une soie jaune qu'ils étendent sur les « branches sans faire de cocons. Elle est délicate comme des franges de « soie, mais quand on l'a cuite dans la lessive de cendres du bois de Fou- « sang elle devient ferme et tenace. Quatre fibres font un fil assez fort « pour pouvoir y suspendre un *Kiün* (30 livres chinoises). Les œufs de « ces vers à soie sont larges comme des œufs d'hirondelle et on les trouve « au pied de l'arbre Fou-sang *(Broussonetia papyrifera)*. Ayant envoyé « ces œufs à *Kiu-li* (Corée), les vers redevinrent petits comme ceux de « Chine. »

Plus loin, parlant toujours de la chenille du Fou-sang, Schlegel cite un texte de *Wan-khieh* différant fort peu de celui-ci. « Cette soie était « extrêmement forte, à tel point que l'empereur de la Chine pouvait sus- « pendre un encensoir d'or pesant cinquante livres à six fils retors de cette « soie, présentée par les ambassadeurs du Fou-sang, sans qu'ils se cas- « sassent. » Il ajoute comme commentaire : « Le docteur Bretschneider « se moque de cette notice et la renvoie au pays des chimères inventé par

1. Cf. *Toung-pao*. Archives pour servir à l'étude de l'histoire des langues, de la géographie, etc..., rédigées par G. Schlegel et H. Cordier, vol. III, mai 1892, p. 125. Problèmes géographiques... *Fou-sang Kuo*. Le Pays de Fou-sang, extrait de Hoei-chin, pèlerin chinois du ve siècle (499 A. D.) par G. Schlegel.

« les prêtres chinois, mais il n'est nullement nécessaire de le faire, car le « fait peut être très facilement expliqué. La chenille en question n'est « que le ver à soie décrit par M. Theos. Sampson dans *Notes and Queries* « *on China and Japan* qui en a cultivé des spécimens. » Il cite le texte que nous avons donné plus haut et ajoute : « Cette soie est appelée à « Emouy *Tang-si*, soie de chenille, et cette chenille même s'appelle « *Peng* (pour *Feng*) *tang*, chenille du Liquidambar, puisqu'elle se nourrit « des feuilles de cet arbre. » Que la grandeur et la grosseur de ces chenilles ait été exagérée par Wan-khieh cela est hors de doute, mais il se corrige lui-même en ajoutant que les œufs du ver à soie sauvage transportés à Kiu-li ou Corée produisirent des chenilles pas plus grosses que celles de Chine.

L'espèce de ver à soie qui vit sur le Liquidambar est connue dans la littérature chinoise sous le nom de *Foung-tsan*, ver à soie du *Liquidambar formosana*. Les naturalistes chinois disent que quand cet arbre commence à pousser des feuilles, un insecte vient les manger, ressemblant à un ver à soie de couleur rouge et noire ; qu'il crache dans le quatrième mois une soie luisante comme les cordes d'un luth, et que la population maritime en fait des lignes à pêcher. On le trouve à *Houang-tchéou*. Du reste, cette espèce de chenille est encore aujourd'hui élevée dans la province du Chan-toung. Le P. Du Halde, dans sa *Description de la Chine*, vol. I, p. 212, dit à ce sujet : « Des vers semblables aux chenilles, etc.[1] »

BRAHMÆA LUNULATA BREM ET GRAY.

Nous avons encore observé dans la Chine du nord, au Chan-toung, une saturnide fort curieuse, le *Brahmæa lunulata*, fort belle espèce mesurant de 13 à 14 centimètres d'envergure, à ailes arrondies, dont le fond brun-clair ou noirâtre est chargé vers le bord de 8 à 10 lignes ochracées à sinuosités parallèles, avec une lunule noire allongée à l'extrémité des ailes

1. G. Schlegel, *loc. cit.*

supérieures. Le corps gris est marqué d'anneaux noirs, et sur les côtés d'une série de cercles noirs de la forme de ceux du *Saturnia Cynthia*. Nous n'avons vu malheureusement ni sa chenille, ni son cocon qui doit se rapprocher de celui du ver de l'ailante. Nous ne savons au juste sur quelle plante vit cette espèce.

SATURNIA ATLAS WALKER.

Le *Saturnia atlas* est le plus grand et le plus remarquable de tous les papillons à cocon soyeux de la Chine. Il s'y trouve particulièrement dans les provinces du Sud : Kouang-toung, Kouang-si, Kouéï-tchéou et Se-tchouan.

Il est probable que d'Incarville l'a observé vers 1740, près de Macao. Ce qu'il dit dans son Catalogue alphabétique des plantes, etc., de certaine chenille, semble bien s'appliquer à cette espèce : « Outre les espèces ordi-« naires, il y a proche de Macao la fameuse (chenille) qui donne le « papillon à miroirs qui a jusqu'à huit pouces d'envergure. J'en ai vu à « Macao. »

Peter Osbeck dit l'avoir pris en Chine sur le *Nerium oleander*, une plante évidemment importée par les Européens. Linné le décrivit en 1758 d'après des échantillons provenant sans doute de Chine.

Donovan figure le papillon dans la planche 42 de ses *Insects of China* et donne pour son habitat l'Asie, la Chine et l'Amérique. Seba, dans son *Thesaurus naturæ*, vol. IV, planche 57, fig. I, représente la chenille.

De nos jours, le docteur H.-F. Hance l'a trouvé vivant près de Canton, sur le *Quisqualis indica*. M. I. Hedde avait entendu dire dans cette ville, en 1840, qu'il vivait sur le *Wou-kicou*, qui n'est autre que le *Stillingia sebifera*. La description et nomenclature chinoise des plantes confirme en partie cette version, puisqu'il y est dit que cet arbre nourrit un ver à soie.

L'abbé A. David pense que certains cocons qu'il récolta sur le camphrier lui appartiennent. On croit d'ailleurs qu'il peut vivre aussi sur l'ailante. Dans l'Inde, il vit sur une vingtaine d'arbres différents, et des missionnaires italiens l'ont élevé à Colombo sur le mûrier et sur le canellier. C'est lorsqu'il est nourri sur cet arbre qu'il donne, dit-on, la plus belle soie. C'est donc une espèce polyphage et assez répandue. On le trouve, en effet, dans la moitié de l'Asie, l'archipel indien jusqu'à Bornéo et aux Philippines. Il est tout à fait sauvage dans l'Annam, où il est trivoltin. Les Chinois l'ont, dsient-ils, à demi domestiqué dans la province du Kouang-toung, et l'élèvent dans les environs de Canton. au mont *Lo feou*, d'où son nom local de *Lo-feou-tié-kong* (Papillon de *Lo-feou*) d'après le Dr Bridgman.

Papillon. L'insecte parfait est remarquable par son envergure qui, chez la femelle, atteint jusqu'à vingt centimètres, et par les *miroirs* ou taches transparentes qui ornent ses ailes et ont une forme triangulaire sans bordure, au lieu d'être oculiforme, comme dans les Antheræa, ou en croissant, comme chez les Philosamia. Il est mieux connu que les autres séricigènes sauvages de Chine, parce qu'il se trouve dans beaucoup d'autres pays, et que ses dimensions et sa beauté l'ont fait entrer dans toutes les collections. Il forme presque toujours le centre des cadres de papillons et d'insectes qui, de Canton, ont été répandus dans le monde entier par les marchands de curiosités chinoises. Nous n'en ferons pas la diagnose détaillée, et il nous suffira de dire, pour le faire reconnaître de suite, que le fond de la coloration est brun café plus ou moins clair, avec deux lignes diversement ondulées, formées de trois bandes : noire, blanche et jaune d'ochre, traversant les ailes en deux endroits, de part et d'autre des miroirs. Une série de larges points noirs, accompagnée d'une étroite ligne de même couleur, borde les ailes inférieures. Dans les ailes supérieures, la ligne noire subsiste seule, et les extrémités, en forme de faux ou de crochet, portent un point noir et bleu près du bord, et comme un coup de pinceau vermillon sur le fond jaunâtre du crochet.

Chenille. La larve, la plus grande des chenilles séricigènes, atteint jusqu'à 10 centimètres de longueur. Elle est de couleur verte, avec une bande jaune disposée longitudinalement de chaque côté. Sur chaque segment se trouvent quatre tubercules distincts, de forme arrondie et de couleur rose orange, entourés de poils très fins.

Cocon. — Le cocon est gros, il mesure 6 centimètres de longueur sur 3 centimètres de largeur, est allongé en pointe à chaque extrémité, mais l'une est plus arrondie que l'autre. Comme celui de l'ailante, il est ouvert à l'extrémité correspondant à la tête de la chrysalide. Le papillon en sort sans couper ni altérer le fil. Il est en général à demi recouvert par une feuille et se termine par un ruban de soie qui l'attache à la branche. La couleur varie suivant la nature des feuilles que la chenille a mangées. On en trouve de fauve clair, blond foncé, gris, cendré ou terreux. Ceux du Stillingia sont de couleur brun clair ou feuille-morte, tandis que la soie de ceux de chenilles nourries dans l'Inde sur le *Celastoma malabathricum* est très blanche. Il paraît que le brin est incolore au sortir des tubes excréteurs et qu'il ne prend sa couleur qu'au moment du dépôt du grès dont la chenille imprègne tout le cocon pour le rendre dur et imperméable. Ce grès est très peu soluble dans les bains alcalins.

Soie. — Aux environs de Canton on ne tire pas la soie, mais on la peigne, puis on la file, après l'avoir décreusée dans un bain de soude bouillante. La soie en est bonne, nerveuse et grisâtre. Voici ses caractéristiques en allant de l'extérieur à l'intérieur : Elle est plate, striée dans sa longueur : Elasticité 25,4 à 31,7 millimètres ; Ténacité 7,53 grammes à 8,86 grammes : Finesse 38,5 à 50,80 millièmes de millimètres.

Bien préparée, cette soie est plus souple, plus douce et plus brillante que la soie Tusseh fournie par le *Philosamia ricini* de l'Inde. Il est probable que, par un traitement convenable, on pourrait arriver à dévider le cocon. Nous lisons en effet dans les notes de M. A. Wailly, qu'un de ses correspondants à Ceylan, ayant par mégarde oublié des cocons d'Atlas dans un bain de carbonate de potasse, où ils avaient bouilli avec leur chrysalide, les y retrouva au bout de deux ou trois mois. Ils étaient parfaitement ramollis et purent être, par suite, facilement dévidés et peignés[1].

Etoffes. — On fait en Chine avec cette soie des étoffes très grossières,

1. Alfred Wailly, *Notes on silk-producing bombyces reared in 1884*, p. 4.

mais qui ont une longue durée. En propageant les éducations dans ce pays on pourrait, vu le bon marché de la main-d'œuvre, obtenir facilement et en grande abondance cette soie au prix du coton [1].

En 1845 I. Hedde rapporta de Chine des cocons et le dessin d'une chenille qu'on lui avait donnée sous le nom de *Tien-tsan* (ver du ciel). C'est évidemment une attacus de la grandeur de l'espèce de l'Attacus Atlas, mais ayant des caractères différents [2].

ACTIAS SELENE HB.

L'*Actias Selene* de Hübner [3] est un saturnide à cocon dit fermé. Nous en avons recueilli quelques-uns dans la province du Chan-toung, mais ils sont communs dans celle du Kiang-sou. Nous en avons vu une éducation faite par le P. Ch. Rathouis à Zi-ca-wey près Chang-haï sur le *Fontanesia phylleroïdes* qui constitue les haies dans cette partie du pays.

Papillon. — Le papillon, qui atteint jusqu'à 18 centimètres d'envergure chez la femelle, est remarquable par la forme, toute spéciale, des ailes inférieures prolongées en une longue queue souvent tordue par un tour de spirale à l'extrémité. Sa couleur est aussi peu commune parmi celles des lépidoptères. Elle est d'un vert bleuté pâle passant au blanc près du corps entièrement recouvert d'un abondant duvet de cette dernière couleur. Le bord externe des ailes supérieures est relevé d'un trait rose-carmin qui se continue sur le thorax qu'il traverse. Les pattes sont de cette

1. M. C. Bronlow, *Remarks on the distribution of silk trees*, p. 12.
2. N. Rondot, *loc. cit.*, vol. II, p. 44.
3. Cf. Th. Hutton, *Notes on the Indian Bombycidæ*, 1871, p. 1.

A. L. Clément, *Notes pour servir à l'histoire de l'Actias Selene* dans Bulletin de la Société zoologique d'acclimatation, 3e s., t. VII, 1880, p. 629 à 335.

Th. Horsfield et F. Moore, *A catalogue of Lepidopterous insects*, p. 400 à 404. — Proceedings of the zoological Society of London, part XXVIII, p. 261 à 264. — Transactions of the Entomological Society of London, 5e s., t. I, p. 317. — *The lepidoptera of Ceylon*, vol. II, 1882-83, p. 123, pl. XXXVI, n° 1.

couleur dans leur partie supérieure et jaunes en dessous. Chaque aile possède l'œil caractéristique des saturnides. Il est formé d'un demi-cercle noir partagé par une ligne blanche, uni à un demi-cercle jaune entourant une tache blanche.

Habitat. — On trouve cet Actias non seulement en Chine, mais encore dans l'Inde, de Madras au pied de l'Himalaya.

Chenille. — La larve est de couleur vert-pomme. Ses douze segments sont surmontés de hautes protubérances coniques terminées par une couronne de poils.

Elle vit au Kiang-sou sur le *Fontanesia phylleroïdes* et sans doute sur d'autres plantes. Dans l'Inde elle mange les feuilles de plusieurs espèces d'arbres, tels que *Coriaria nipalensis, Zanthoxylon hostile, Cedrela paniculata*. Les Chinois ne l'élèvent pas et ne semblent pas tirer partie de sa soie.

Cocon. — Les cocons, de forme irrégulière et de la grosseur d'un œuf de pigeon, mesurent de 55 à 65 millimètres de longueur sur 25 à 35 millimètres de diamètre. Ils sont formés d'une mince paroi de soie gris d'argent sans bourre et recouverts presque entièrement par les feuilles du Fontanesia, du moins dans ceux, fort nombreux, qu'on trouve sur le marché de la ville chinoise de Chang-haï. Ils n'ont pas de cordelette d'attache, mais sont fixés par un côté à un rameau de cet arbuste au moyen d'un enduit gommeux qui entoure la branche. Ce grès retient à peine ensemble les bords de l'ouverture ménagée par la chenille avant l'éclosion. Le tissu, d'apparence parcheminée, est assez irrégulier, présentant çà et là des lacunes vers la partie céphalique, du moins dans la veste extérieure. La veste intérieure ou telette est d'un tissu plus lâche encore, étant complètement à jour. Le fil en est d'un jaune rougeâtre. La surface interne est rude, n'étant pas vernie par une couche de grès comme dans celui du Philosamia Cynthia. En somme, ce cocon, léger et mince comme du papier, est pauvre en soie. Les Chinois ne l'utilisent pas pour le tissage et ceux qu'ils vendent en assez grande quantité sur le marché sont récoltés à l'état sauvage dans les environs et ne servent qu'à donner aux volailles très friandes de la grosse chrysalide qu'ils renferment (3 centimètres et demi de long sur 2 de large).

Soie. — La bave est, comme celle des Attacus, formée d'un faisceau de fibrilles réunies en deux brins ; elle mesure de 42 à 50 millièmes de millimètres de largeur, suivant qu'elle est prise à l'intérieur ou à l'extérieur du cocon. Sa ténacité est de 28 grammes et son élasticité de 137 grammes. Sa couleur varie, nous l'avons trouvée en Chine passant du gris très clair, presque blanc extérieurement, au brun ou jaune brillant intérieurement. Dans l'Inde, on trouve des cocons brun rougeâtre, brun foncé, souvent avec des reflets d'or métallique, on en trouve aussi de brun très clair. Cela provient sans doute des essences différentes sur lesquelles vit l'insecte et il est probable que les plus foncés proviennent de chenilles ayant mangé les feuilles riches en tanin, telles que celles du Coriaria ou du Zanthoxylon. Les Indiens peignent et filent cette soie au rouet. M. Perottet a réussi à dévider ces cocons à la bassine. Ils ont donné une soie forte, tenace, élastique et brillante.

Cette espèce est univoltine, c'est-à-dire n'offre qu'une éducation par an.

Autres espèces d'Actias. — Il existe plusieurs autres Saturnides en Chine. En 1873, nous en avons capturé un au Chan-toung, ressemblant de très près au *Tropæa Gnoma* ou plutôt au *Dictynna* de Maassen et Weymer qui a été décrit comme provenant du Japon. Il mesurait 15 centimètres d'envergure. D'après ce que nous ont dit les Chinois, il vivrait sur le *Cedrela sinensis*, sinon sur l'ailante glanduleux.

Nous avons vu dans les vitrines du muséum de Chang-haï l'*Actias sinensis* de Walker qui appartient aux provinces septentrionales de la Chine et notamment au Chan-toung, d'après M. N. Rondot. Celui-ci a reçu en novembre 1885 de M. Kopsch, commissaire des douanes à Ning-po, des cocons, papillons et œufs d'un ver à soie vivant dans les environs de cette ville, à l'état sauvage, sur le *Fou-young (Hibiscus mutabilis)*, d'où son nom local de *Fou-young-tsan*. M. Frédéric Moore a reconnu dans cette espèce l'*Actias ningpoana* de Felder qui n'est, d'après Kirby, qu'une variété de *Selene* Hb. Il vit sans doute aussi sur le *Salix babylonica*, l'un des cocons reçus étant enveloppé des feuilles de cet arbre comme un autre l'était de celles de l'Hibiscus. Ces cocons mesuraient de 55 à 65 millimètres sur 25 à 35 millimètres. Ils étaient de couleur blanche tirant sur le brun, soit couleur *vieil or*. La bave était très brillante. Le papillon aussi élégant que celui de l'*A. Selene* a, comme celui du Chan-toung, le corps couvert d'un duvet blanc, long et soyeux. Les ailes mesurant 14 centimètres d'envergure sont d'un vert azuré pâle avec quatre petits disques blancs et noir rougeâtre, elles sont garnies, le plus près du corps d'un long duvet blanc et elles ont l'aspect vitreux par places[1].

Quant à l'*A. sinensis*, il est plus petit que l'*A. Selene*, mesurant seulement 11 1/2 à 12 centimètres d'envergure. La couleur est d'un vert jaunâtre, les ailes portent près des bords externes et sur le bord supérieur, une bande brune piquetée de blanc, qui traverse la base de la queue de l'aile inférieure. Deux lignes brunes ondulées traversent aussi les ailes parallèlement au bord externe. Les yeux sont cerclés de brun.

RINACA THIBETA WESTWOOD.

Nous avons reçu de M. l'abbé A. David, deux cocons fort curieux provenant du *Far West* chinois, où ils ont été recueillis sous des camphriers. Il en a ramassé de semblables au Kiang-si, au Tché-kiang, et au Se-tchouan.

Ces cocons, entièrement à jour, sont formés d'un filet de soie brune, à mailles irrégulières arrondies, de deux millimètres de largeur en moyenne. Ils sont de forme ovoïde allongée, mesurant cinq centimètres de longueur sur deux et demi à trois centimètres de largeur. Ils sont ouverts à l'extrémité céphalique où les mailles allongées prennent la forme d'une entrée de nasse élastique permettant au papillon de sortir, mais défendant l'ouverture contre l'introduction des insectes. Il n'y a pas de bourre et ils sont fixés aux ramilles de l'arbre par un grès soyeux. Celui qui enduit la bave est tellement dur que le cocon résiste fort bien à la pression des

1. N. Rondot, *loc. cit.*, vol. II, p. 113, 114.

doigts. On le dirait fait de fils de bronze soudés entre eux. Ces cocons ressemblent beaucoup à ceux du *Rinaca thibeta* de Westwood et appartiennent sans doute à cette espèce ou à une espèce très voisine. Dans l'Inde on peigne et on file au fuseau la soie des cocons pareils provenant du *Caligula Simla* Westwood, qui vit dans l'Himalaya sur le *Salix babylonica* et le poirier sauvage et donne une soie brune presque noire. Au Japon on utilise également le cocon du *Caligula japonica* de Butler qui vit sur le camphrier et le châtaignier. Il donne des tissus de soie épais et de couleur sombre. Sa bave grossière à l'état sauvage devient assez fine quand il est élevé en demi-domesticité[1]. On utilise aussi le *corpus sericeum* de la chenille pour faire des fils à pêche. La bave est plate, non striée et mesure de quinze à seize millièmes de millimètres de diamètre. Nous ne sachons pas que les Chinois utilisent le cocon du Caligula indigène ou les glandes séricigènes de sa chenille, mais la chose est probable. M. N. Rondot dit : « On a de la province de Chan-toung en Chine... des cocons réticulés « assez gros dont on n'a pas encore obtenu la chenille et le papillon. » Il ne cite pas, contre son habitude, la source de cette information que nous croyons inexacte. Nous n'avons jamais trouvé ni entendu parler de cocons pareils dans cette province que nous avons longtemps habitée et parcourue. Le camphrier n'y existe pas ; il est vrai que le Caligula pourrait y vivre sur le saule et le châtaignier et comme le climat est pareil à celui du Japon, il est fort possible qu'on trouve un jour au Chan-toung un Caligula analogue à celui du Nippon.

VERS A SOIE SAUVAGES DU MURIER.

Ayant étudié les vers à soie sauvages des genres Attacus, Saturnia, Caligula, etc., nous allons maintenant étudier ceux qui se rapprochent du ver à soie domestique du mûrier et qui vivent sur cet arbre ou les espèces voisines. Nous avons vu, à la partie historique, que l'abbé David a trouvé dans les monts Ourato (en chinois *Ou-la chan*) en Mongolie,

1. N. Rondot, *loc. cit.*, vol. II, p. 204.

un petit ver à soie vivant à l'état libre, sur les mûriers sauvages *Morus alba var. mongolica*. Les spécimens qu'il en rapporta furent malheureusement perdus, avant qu'on ait pu les déterminer scientifiquement. Ces vers ont été retrouvés depuis par d'autres observateurs, dans les provinces du Chan-toung, Tché-kiang, etc., et ont été identifiés en 1884 et 1885, grâce aux recherches instituées par M. N. Rondot. Ces vers étaient connus des Chinois dès la plus haute antiquité, puisque bien avant Jésus-Christ, sous le règne quasi-mythologique du grand empereur Yü, les sauvages *Laï*, habitant la partie orientale du Chan-toung, récoltaient la soie de ces chenilles sur les monts *Laï* et *Toung-mo*, près de la ville actuelle de *Laï-tchéou-fou*. Cette soie est mentionnée dans les classiques sous le nom de *Yen-se* ou soie de l'arbre *Yen*, que M. Bretschneider a démontré être le mûrier sauvage *Morus alba* var. *mongolica*, et non un chêne comme nous l'avions dit par erreur dans notre travail de 1877, sur les Vers à soie sauvages du Chan-toung. Nous n'avons pu nous procurer dans cette province ces vers ou leurs papillons, mais on nous a donné comme provenant de *Tching-tchéou-fou* et de *Wouen-teng-hsien*, des cocons ressemblant de tous points à ceux que M. F. Moore a reçus du Tché-kiang en 1881, par l'entremise de M. N. Rondot et a décrits, sur le vu des chenilles et des papillons, sous le nom de *Theophila mandarina* comme un bombycide très proche du *Bombyx mori* domestique. En examinant les mûriers aux environs de Han-kéou, en 1882 et 1883, nous avons eu la chance de découvrir, sur ces arbres, une espèce plus petite de vers à soie sauvages qui furent aussi envoyés à M. F. Moore par M. N. Rondot, auquel nous les avions donnés et qui en recevait en même temps de la même espèce de M. Kleinwächter, commissaire des douanes chinoises à Ning-po. Ils furent décrits sous le nom de *Rondotia Menciana*. Nous allons étudier ces deux espèces.

La soie, dont il est question dans les classiques chinois comme fournie par des vers vivant sur les mûriers sauvages, et celle dont ont parlé ensuite les premiers naturalistes, puis les poètes latins, répond de tout point, comme nous allons le montrer, à celle que tissent les chenilles du *Theophila mandarina*.

Dès 1845, MM. J. Hedde et Natalis Rondot recueillirent non loin de Ning-po et dans la direction de *Chang-yu*, sur des mûriers sauvages, des petits cocons, pointus à l'une des extrémités, arrondis à l'autre, formés d'une soie d'un gris blanchâtre ou d'un blanc jaunâtre. L'existence leur en avait été, à la vérité, signalée par M. Robert Thom, le consul d'Angleterre à Ning-po, un savant sinologue doublé d'un naturaliste observateur. Ce dernier avait cru reconnaître dans ces vers à soie, ceux dont il est question dans le *Tcheou-li*, livre qui date du XIe siècle avant Jésus-Christ. Il fait remarquer que le ver à soie primitif était bivoltin comme l'est aujourd'hui le ver dont M. N. Rondot recueillit les cocons. Le vieux livre chinois raconte que, par ordre de l'empereur, un officier d'administration, chargé des chevaux (*Ma-chi*), avait l'ordre d'empêcher le peuple de faire une seconde éducation des vers à soie dans l'année ; cela sans doute parce que la seconde récolte était inférieure et épuisait les arbres. Or, le ver à soie domestique (*B. mori*) n'a jamais donné qu'une seule récolte dans les provinces du Nord et du Centre, s'il faut en croire le naturaliste anglais Hutton. M. Robert Thom apprit aux deux délégués français que les cocons des vers sauvages des environs de Ning-po, étaient employés par les gens du pays qui en tiraient une soie nerveuse et très fine, tantôt d'un gris blanchâtre ou d'un blanc de crème, tantôt d'un blond clair rappelant la couleur de la batiste écrue. Ils en confectionnaient des tissus très légers mais fort solides, soit qu'on tirât cette soie à la bassine, soit qu'on la filât au rouet ou à la main après cardage.

Cette même année 1845, Mgr de Bésy, vicaire apostolique du Chantoung, mentionnait à M. N. Rondot l'existence dans cette province de vers à soie sauvages du mûrier à cocons jaunes. Il s'agissait sans doute des mêmes vers dont nous obtînmes nous-même deux cocons en 1876. Formés d'une soie jaune clair très mince, dépourvus de bourre, ils ont la forme d'une olive allongée, pointue à une extrémité et mesurent respectivement 30 millimètres sur 11 millimètres et 25 sur 10. Le plus gros provient de *Tching-tchéou-fou*, le second de *Wen-teng-hsien*.

Duseigneur a connu, comme MM. I. Hedde et N. Rondot, le cocon du ver à soie sauvage du mûrier de la province du Tché-kiang. Ceux qu'il obtint venaient des environs de *Hang-tchéou-fou*, où, dit-il, « ces vers « sauvages vivent librement, comme dans d'autres lieux de la Chine, « sous le nom de *Tien-tsé*, fils du ciel. Les chenilles forment le cocon « dans les feuilles mêmes ; il faut environ 20 kilogrammes de cocons pour « produire un kilogramme de soie [1]. »

Eugène Simon, quelque temps consul de France à Ning-po, vers 1860, a désigné sous ce même non de *Tien-tsé* les vers à soie sauvages qui avaient tissé les cocons qu'on lui avait aussi apportés des environs de *Hang-tchéou*. Comme il ne savait pas plus le chinois que Duseigneur, ils ont, l'un et l'autre, donné par mégarde au ver lui-même le nom que les Chinois donnent à la soie, et qui est *Tien-se* (soie céleste ou sauvage), tandis que celui du ver est *Tien-seng-tsan* (ver né au ciel) pour ver sauvage, tout comme le *Tien-laï-tsan* (ver venu du ciel) du Chan-toung. *Tien-se*, nom de la soie, n'est que l'abréviation de *Tien-(seng* ou *laï)-tsan-se*, soie du ver sauvage [2]. M. Kleinwächter, étudiant ces vers et leur histoire en 1880, en obtint également des environs de *Hou-tchéou-fou ;* le peuple, dit-il, donne les noms de *Tien-seng-tsan* ou, par abréviation, *Seng-tsan* au ver et de *Tien-jen-se* (soie naturelle ou sauvage) ou simplement *Tien-se* à la soie. Il ajoute : « dans les temps anciens, on avait beaucoup de respect pour ces « vers qu'on regardait comme des dons du ciel. On y attachait un si grand « prix, comme heureux présage, que les autorités locales avaient cou- « tume d'en offrir à l'empereur. » Ceci démontre que ces vers étaient connus dans la province, bien avant la révolution des Taï-pings, et que M. E. Rocher est dans l'erreur quand il attribue leur origine au fait de l'abandon des vers domestiques pendant l'exode de la population, causé par cette guerre civile. M. Kleinwächter continue : « L'opinion publique a bien changé « à leur sujet et on les tient de nos jours pour nuisibles aux plantations « de mûriers. On les détruit donc, à moins que les feuilles ne soient

1. Duseigneur, *Le Cocon de soie*, 2e édition, p. 108.
2. Eugène Simon, *Notes sur une nouvelle race de vers à soie nommée Tien-tsé* ou fils du ciel dans BULLETIN DE LA SOCIÉTÉ IMPÉRIALE ZOOLOGIQUE D'ACCLIMATATION. 1re s., t. IX, 1862, p. 475 et 476.

13

« assez abondantes pour suffire, et au delà, à l'alimentation des vers « domestiques. Dans ce dernier cas, on laisse les vers sauvages sur les « mûriers sans s'en inquiéter, et l'on recueille ensuite les cocons. » On comprend pourquoi, cette destruction ayant cessé pendant l'invasion, ces vers pullulèrent et passèrent, aux yeux d'observateurs peu au courant, pour s'être montrés seulement après la guerre, vers 1861.

M. Geo. Hugues, commissaire des douanes chinoises à Tché-fou, en 1880, auquel nous avions signalé l'existence de ces vers en 1878, fit faire quelques recherches à leur endroit. Il apprit des Chinois qu'ils sont bien indigènes dans la province, où ils sont connus sous le nom de *Tien-laï-tsan* (vers venus du ciel), expression qui, dans le génie de la langue, correspond à : vers d'origine inconnue ou spontanés. Suivant lui, on récolte environ 900 kilogrammes de leur soie dans la province chaque année. Elle porte le nom de *Sang-kien-se*, ou soie des cocons du mûrier : grossière et raide, elle sert, pour la plus grande partie, à la fabrication des filets de pêche. On en trouve parfois quelques livres à acheter, mais la production en est trop faible et trop incertaine pour fournir un article de commerce régulier. En général, elle est mélangée avec d'autre soie sauvage ; malheureusement, il ne dit pas laquelle.

En 1878, M. Buissonnet, inspecteur de soie à Chang-haï, auquel nous montrâmes nos cocons sauvages du Chan-toung, nous affirma l'existence d'une espèce de ver à soie sauvage, ressemblant beaucoup à celui du *Bombyx mori*, vivant dans la province de Kiang-sou à l'état libre, et qu'on n'a jamais pu domestiquer tant il est actif et errant. Ces vers doivent se rapporter à la même espèce que ceux de nos cocons et à ceux des environs de Ning-po, recueillis par M. N. Rondot.

On ne possédait qu'une simple description du papillon faite par Moore en 1872 quand, sur la demande de M. N. Rondot, Sir Robert Hart, inspecteur général des douanes chinoises, donna l'ordre en 1880 à ses commissaires d'étudier tous les vers à soie et leurs produits. Un employé du bureau de Chang-haï fut détaché dans ce but. Très bon sinologue, M. E. Rocher n'était malheureusement pas naturaliste, aussi ses observations pèchent-elles souvent par la base. Il se contenta d'examiner assez superficiellement les dires des Chinois et de les contrôler à peu près, sans recueillir de bons échantillons des divers mûriers, en fleurs et en fruits ou des spécimens des chenilles, des papillons, des œufs et cocons. Ses recherches n'eurent par suite aucun résultat scientifique exact et il avança, bien à tort, croyons-nous, dans son rapport, que les vers à soie sauvages qu'il observa sur les mûriers des bords du lac *Taï-hou*, près la ville de *Hang-tchéou*, n'étaient autres que des vers du *Bombyx mori* abandonnés pendant l'invasion des rebelles, et redevenus sauvages.

La chose en elle-même n'est pas impossible puisque, en Europe, ce fait s'est présenté. M. N. Rondot rapporte, en effet, qu'en 1858 on trouva à Banksfield près Maidenstown, en Angleterre, des vers à soie du *B. mori* qui avaient vécu à l'état libre et avaient filé leurs cocons après s'être nourris des feuilles de diverses plantes, entre autres de la ronce (*Rubus fruticosus*[1]). Un de nos amis, le P. J. Brucker, nous dit avoir récolté, près de Colmar, un cocon de *B. mori* formé à l'état libre sur un mûrier. Mais des découvertes et études postérieures à celles de M. Rocher, ont montré que les vers qu'il observa ne sont autres que ceux du *Theophila mandarina*, une espèce tout à fait distincte de celle du *B. mori*, bien que le savant entomologiste anglais Leech la considère comme très voisine et peut-être même comme la souche primitive et modifiée par l'élevage de notre ver à soie domestique.

Nous pensons que la province du Chan-toung doit être considérée comme le pays d'origine de ce ver à soie sauvage. M. Kleinwächter, se basant sur les témoignages des Chinois, affirme en effet qu'il ne serait pas indigène au Tché-kiang, mais aurait été apporté du Nord, avec les vers à soie domestiques, sous le règne de l'empereur *Hiao Wou-ti* de la dynastie des Tsin orientaux (373 à 397 de notre ère). Ce fut un préfet du département de *Hou-tchéou-fou*, nommé *Tchéou-ming*, qui favorisa le premier l'établissement de l'industrie séricigène en un endroit situé à 14 ki-

1. Rapporté par F. Moore dans l'*Athenaeum* 16 octobre 1868 et dans les *Proceedings of the Zoological Society of London*, part. XXVIII, 1859, p. 241.

lomètres au sud-est de cette ville et encore appelé aujourd'hui *Sang-su* ou champ des mûriers. C'est également l'opinion de M. N. Rondot, qui fait remarquer à ce sujet que, d'après le capitaine Hutton, la chenille du *Bombyx mori,* avant d'être domestiquée, était de couleur gris noirâtre ou foncé comme celle du *Theophila mandarina.* Les vers ne seraient devenus blancs que par l'affaiblissement de l'espèce dû à la domestication (on a même eu en France, avant la maladie, une espèce de ver à soie dont la robe était noire et qui filait un cocon blanc). Ceci viendrait à l'appui de la théorie de M. Leech qui regarde le *Th. mandarina* comme la souche du ver à soie domestique et cadrerait fort bien avec ce que nous apprend l'histoire ancienne des premiers vers à soie observés au Chan-toung, touchant leurs mœurs et leur façon de filer la soie.

Il est intéressant de remarquer que le *Th. mandarina* est bivoltin et Robert Thom apprit des Chinois que, d'après la tradition, le ver à soie domestique et primitif l'était également dans l'antiquité. M. E. Rocher, visitant les pays où se trouve actuellement en grande quantité le *Th. mandarina,* nous dit que la première récolte des cocons a lieu en juin et juillet. Or, il arrive qu'à la fin de la seconde, c'est-à-dire en septembre et octobre, les vers, souffrant des rosées abondantes, du froid de la nuit, et de la dureté des feuilles qu'ils ne peuvent plus manger qu'en dessous, les vers, dis-je, ne construisent pas de cocon, mais couvrent les mûriers d'une sorte de gaze de soie qui pend d'une branche à l'autre et à l'abri de laquelle ils essaient de faire leur chrysalide. Cette description d'un témoin oculaire moderne nous rappelle tout à fait le texte de Pline et celui d'un des premiers observateurs européens en Chine, le P. Martin Martini. Nous ne pouvons nous empêcher de penser que ces textes étaient basés sur l'observation très ancienne, puis moderne, de cette dernière façon de faire des vers à soie sauvages.

Voici le texte même de la description très intéressante de M. E. Rocher :

« En octobre 1879, à *Hu-chi-kuang,* vers l'entrée ouest du lac *Taï-hou,*
« je trouvai, en octobre, tous les mûriers tellement couverts de cette sorte
« de gaze qu'on ne pouvait voir une seule feuille verte. Chaque arbre,
« aussi bien que le terrain au-dessous, étaient couverts de millions de

« cocons (il veut écrire vers évidemment) vivants et cela jusqu'à *Hang-*
« *tchéou*. On récolte là environ 40 balles (soit près de 240 kilos) de
« cette soie par an[1]. On en tisse un crêpe grossier ou une soie unie qu'on
« teint en noir et qui servent pour former l'espèce de turban porté par
« les femmes du pays. On en exporte une petite quantité dans la province
« du Kiang-sou, de l'Anh-oei et du Hou-pé. »

Mais revenons maintenant à l'étude de l'insecte lui-même. Tout ce qu'on en sait est dû aux recherches intelligentes de MM. Kleinwächter et Kopsch. Les cocons, papillons, ainsi que les œufs, les vers et des échantillons de la soie sont déposés au muséum de la Chambre de Commerce de Lyon, dont le président a bien voulu, sur la recommandation de M. N. Rondot, mettre à notre disposition les clichés de l'ouvrage de ce dernier et nous permettre de montrer ici non seulement tout ce qui concerne le *Theophila mandarina*, mais encore les autres vers à soie sauvages de la Chine.

Les spécimens envoyés par les deux commissaires des douanes furent recueillis à *Ma-yao*, dans la province du Tché-kiang, en 1884 et 1885, et envoyés par M. N. Rondot à M. F. Moore.

THEOPHILA MANDARINA MOORE.

Papillon. — M. Moore avait déjà décrit l'insecte parfait, en 1872, d'après des papillons trouvés par M. Pryer, aux environs de Chang-haï. *Femelle*. De couleur grise. Aile antérieure avec une bande brune, transversale, courbe, antémédiane, bien définie ; et une ligne brune transverse, postmédiane, diffuse ; au delà se trouve une ligne sous-marginale étroite, recourbée, bordée de blanc en dehors de laquelle se trouve, au-dessous de l'apex, une étendue brune diffuse : marque discocellulaire indistincte : aile postérieure brune avec une ligne sous-marginale blanche et deux taches blanches sur la marge abdominale ; thorax brun, bande de ceinture grise ; antennes fuligineuses à tige grise. Envergure 44 milli-

1. China. *Reports on Silk*. Chang-haï, E. Rocher.

mètres 40[1]. Le mâle ressemble à la femelle, mais est plus petit. Plus vigoureux que le *B. mori*, ce papillon vole quelquefois assez loin, aussi le trouve-t-on sur d'autres arbres que le mûrier. La femelle est moins agile et dépose ses œufs en grand nombre sur une branche. Les Chinois les détruisent de leur mieux, craignant qu'ils ne mangent toutes les feuilles et ne nuisent ainsi au succès d'éducation du ver domestique.

MM. Kleinwächter et Kopsch ont essayé, en 1884 et 1885, d'en faire des éducations en chambre, mais ils n'ont pas réussi. Ceci s'accorde parfaitement avec ce que M. Buissonnet nous avait rapporté dès 1878 des habitudes errantes du ver à soie sauvage du Kiang-sou, qui devait être celui-ci.

Habitat. — D'après les observations postérieures de M. E. Rocher, on trouve le *Th. mandarina* aux environs de Chang-haï et Sou-tchéou dans cette province. Les émissaires chinois de M. Kleinwächter l'ont trouvé en abondance dans la province voisine du Tché-kiang, sur les bords du lac *Taï (Taï-hou)*, ainsi que dans les environs de *Ma-yao, Nan-sin* et *Choang-lin*. Il existe probablement encore au Hou-pé. Nous y avons en effet ramassé, à Han-kéou, sur une feuille de Broussonetia, un cocon, aujourd'hui déposé par M. N. Rondot au musée de la Chambre de Commerce de Lyon et qui, d'après le savant auteur du livre sur l'Art de la Soie, doit appartenir au *Theophila mandarina*[2]. Nous avons dit qu'il doit se trouver aussi au Chan-toung, d'après les deux cocons que nous en avons rapportés.

Cocon. — Filé dans la feuille du mûrier, le cocon est plus petit que

1. F. Moore, PROCEEDINGS OF THE SCIENTIFIC MEETINGS OF THE ZOOLOGICAL SOCIETY OF LONDON, for the year 1872. *Description of new Indian Lepidoptera*, p. 576, pl. XXVIII, fig. 5.

2. Ce cocon en forme d'une amande est pointu à une des extrémités. Il mesure 25 millimètres de longueur sur 12 millimètres de largeur (presque exactement la forme et les dimensions de celui de *Wen-teng-hsien* au Chan-toung). Il est blanc jaunâtre et la bave est blanche. « Ce cocon, suivant M. F. Moore, semble avoir été construit par une petite espèce de Bombyx, probablement une espèce nouvelle, c'est le cocon le plus petit de ce genre que j'aie jamais vu. » Lettre de M. F. Moore à M. N. Rondot, 9, mai 1885.

celui du *Bombyx mori*. Il est toujours en forme d'olive allongée présentant plus exactement le profil d'une amande, étant rond par un bout et légèrement pointu à l'autre. Il mesure en moyenne 22 à 27 millimètres de longueur sur 9 à 11 millimètres de largeur. Il est complètement entouré, comme d'un sac, par une bourre légère, imprégnée de grès et terminée par une lanière longue et plate, l'attachant à une branche ou au pétiole d'une feuille. Avec cette bourre le cocon arrive à une longueur de 28 à 35 millimètres sur une largeur de 13 à 18. Elle est de couleur jaune paille très claire, quelquefois blond pâle ou blanc crème. Le cocon lui-même est plus blond et tire un peu sur le jaune ou le gris. Il est mince, sec au toucher et son poids varie de 25 à 32 centigrammes.

Soie. — Examinée par MM. Marnas et Dusuzeau, au laboratoire des soies de Lyon, la bave de ce cocon a montré, à très peu de chose près, les qualités de celle du ver à soie domestique. De couleur allant du bleu jaunâtre au blond foncé, elle est le plus souvent d'un blond très clair, comme celle du lin écru, elle est quelquefois jaune-paille très clair. La bave est formée de deux brins ronds et lisses accolés comme celle du *B. mori*. Son diamètre est de 25 millièmes de millimètre, ce qui donne un titre de 2 deniers, soit 101 à 108 milligrammes. La ténacité est de 7 grammes 53 et l'élasticité de 28.5 à 31.7 millimètres. La longueur dévidable atteint 200 à 250 mètres. D'après Kopsch, 7,000 cocons vides et secs pèseraient 1 kilogramme, ce qui donnerait pour poids du cocon 0 g. 143 milligrammes. A Lyon, on a trouvé de 0,045 à 0,055 milligrammes. Ces différences proviennent tant des dimensions variables que du degré de siccité inférieur en Chine.

Les cocons se dépouillent bien mais la dureté du grès rend le tirage difficile, aussi faut-il les tirer dans l'eau de savon.

Le Chinois *Wan-tcheou* recommande de les faire d'abord bien sécher au soleil, puis de les laisser tremper longuement dans l'eau bouillante, et enfin de les battre pendant un certain temps, sans cela, dit-il, on ne peut détacher les bouts[1]. La petitesse du cocon est le plus grand obstacle à

1. The Chinese Repository, vol. XVIII, p. 313. — *Report on Silk*

son emploi industriel. Il faudrait en effet, suivant M. N. Rondot, 22,222 cocons secs pour produire un kilogramme de soie. Le décreusage donne une perte de 19 à 21 0/0, c'est la même que pour les soies grèges des vers du *B. mori* de la Chine et du Japon. La soie prend, comme ces dernières, toutes les couleurs avec facilité. En résumé, elle est d'une excellente qualité, ne présentant pas de différence avec les soies des vers domestiques d'Europe.

Tissus. Les tissus faits en Chine avec cette soie sont très clairs et légers. Ce sont des gazes, des mousselines unies ou à milles raies ; quelquefois aussi des étoffes très serrées, imperméables à la pluie et servant à faire des vêtements de dessus. On en tisse encore, surtout au Tché-kiang, des ceintures ou de larges bandes de crêpe teintes en noir et très fréquemment portées en turban par les femmes du peuple, qui leur attribuent des vertus curatives contre le mal de tête. Elles prennent alors le nom de *Sha-pao-téou* ou *Ho-hoa-pao-téou* et mesurent 0 m. 98 à 1 m. 40 de longueur, pesant de 351 à 429 grammes et valant de 1 fr. 17 à 9 fr. 95 la pièce.

ESPÈCES VOISINES OU VARIÉTÉS DE THEOPHILA MANDARINA.

Il existe en Chine, bien certainement, d'autres vers à soie sauvages du mûrier se rapprochant du ver domestique ou du *Th. mandarina*. Les livres chinois mentionnent en effet deux espèces de vers à soie plus petits que le *Sang-tsan (Bombyx mori)*, mais lui ressemblant ; ils sont appelés *Tsi* et *Tsao*, caractères que l'on trouve dans le dictionnaire du F. Basile de Gemona [1].

M. Kleinwächter a signalé l'existence au Tché-kiang d'un ver à soie

Shanghaï, p. 78, sqq. et *Wen-tchéou*, cités par N. Rondot, *loc. cit.*, vol. II, p. 42 à 60.

1. Vers 1862 Sir Harry Parkes remit à M. N. Rondot des cocons jaunâtres d'un ver sauvage du mûrier qui avaient été, dit-on, recueillis aux limites du Tche-li et du Chan-toung. Ils sont un peu plus gros que ceux du *Tien-seng-tsan*. N. Rondot, *loc. cit.*, vol. II, p. 54.

sauvage du mûrier plus petit que celui du ver domestique, de couleur blanc sale, gris brunâtre ou noirâtre, quelques-uns sont blancs marbrés de brun. C'est là sans doute une variété de *Theophila mandarina*, encore inconnue. La soie de ces vers est gris foncé. On la teint toujours en noir et l'on s'en sert pour la fabrication de tissus. Quoiqu'elle soit généralement connue sous le nom de *Tien-jen-se*, le peuple l'appelle *Tien-se*, par abréviation, dans le département de Hou-tchéou-fou. M. Kleinwächter essaie d'expliquer ce nom par le fait qu'il existe dans le pays un temple consacré à une divinité adorée par les éleveurs de soie sous le vocable de *Tsan-wang-tien-tse* qu'il traduit par « le roi des vers à soie » (mot à mot: le fils du ciel, roi des vers à soie)[1]. Nous croyons que l'explication que nous en avons donnée plus haut, à savoir : soie venue du ciel, pour soie naturelle et sauvage, est plus correcte et plus conforme au génie de la langue chinoise. D'après Kleinwächter, ces vers sont représentés comme vivant aussi sur le *Cudrania triloba*.

Il faut, sans doute, rapporter aussi au *Theophila*, ou à ses variétés, le ver sauvage à petit cocon blanc jaunâtre que Mgr Verrolles, vicaire apostolique de la Mandchourie, dit à M. N. Rondot avoir trouvé vivant sur le mûrier, dans le *Liao-toung*, partie sud de la province du *Ching-king*.

On trouve des vers à soie sauvages, vivant sur le mûrier, dans quelques localités de la province du Kouang-toung, particulièrement dans l'arrondissement de *Choun-ti*, département de *Kouang-tchéou-fou*, et dans l'arrondissement de *Kia-yin-tchéou*, département de *Tchao-tchéou-fou*. La récolte de la soie, qu'ils produisent, est sans importance et ne dépasse pas 300 kilogrammes par an, suivant M. N. Rondot. Le même auteur nous apprend (*loc. cit.*, vol. I, p. 312), que des cocons semblables à ceux du *Theophila Huttoni* de Westwood, de l'Himalaya et différents du *Th. Man-*

1. F. Kleinwächter, *Answer to queries* 30 mai 1882, cité par N. Rondot, *loc. cit.* Il s'agit ici des réponses des commissaires des douanes à un questionnaire à eux posé par l'Inspecteur général des douanes chinoises Sir Robert Hart, à la requête de M. N. Rondot, postérieurement aux rapports sur la soie, dans le but d'élucider la question des diverses races de vers et de mûriers. Étant trop peu scientifiques, ces réponses ne furent pas publiées, mais communiquées simplement. à M. N. Rondot.

darina ont été trouvés dans la province du Tché-kiang, non loin de *Hou-tchéou-fou*. On n'a malheureusement pas acquis la preuve qu'ils aient été tissés par le *Th. Huttoni*. La chenille de ce dernier est jaune, tigrée et a de longues épines recourbées. Or, M. Kleinwächter et les auteurs chinois parlent d'une chenille de ver à soie sauvage du mûrier, tachetée et à cornes. C'est sans doute de ces vers que voulait parler M. P. Brunat, inspecteur des soies à Chang-haï, quand il dit à M. N. Rondot, qu'il a trouvé vivant sur le mûrier, dans la province du Kiang-sou, des vers à soie sauvages différant de ceux du *Th. mandarina* par la couleur, plus grands et portant sur la tête des protubérances en forme d'éventail ou de collerette. L'éperon anal est aussi plus grand que ceux du Theophila chinois. Ces vers ont les mouvements plus vifs que ceux des vers domestiques.

Enfin, notre ami très regretté, le P. Ch. Rathouis, a trouvé en 1882, vivant sur le mûrier noir à *Zi-ka-wei*, près de Chang-haï, une chenille sauvage de couleur gris foncé ou brun noirâtre, un peu plus grande que celle du *Tien-seng-tsan*, construisant un cocon de soie[1]. Il en a fait plusieurs éducations. Les chenilles sont agiles et les papillons mâles très pétulants. Il envoya à M. F. Moore, par l'intermédiaire de M. N. Rondot, des cocons et des papillons de ce ver sauvage. Le savant lépidoptérologue anglais les rapporte au *Th. mandarina*; mais comme les papillons sont d'une couleur plus foncée que ceux de ce dernier, M. N. Rondot estime que le ver de *Zi-ka-wei* en est sans doute une variété.

On voit qu'il reste encore beaucoup à faire et que le champ d'études est loin d'être complètement exploré. La Chine réserve, sans aucun doute, d'intéressantes découvertes à ceux qui voudront y faire des recherches dans ce sens.

RONDOTIA MENCIANA MOORE.

Le *Rondotia menciana*, ainsi nommé par F. Moore en l'honneur de M. N. Rondot, qui lui avait envoyé les spécimens divers, reçus par lui de

1. Lettre de M. Kleinwächter à M. N. Rondot. Ning-po, 9 juillet 1888.

MM. Kleinwächter et Kopsch en 1883, et de nous-même en 1882, forme non pas seulement une espèce nouvelle, mais bien un genre aussi intéressant que nouveau. Voici sa diagnose telle que nous l'avons reçue de M. F. Moore, son auteur[1].

RONDOTIA, nov. gen.

Ailes antérieures de forme plus courte et plus triangulaire que dans le Bombyx typique *(B. mori)*; apex plus court, non sousfalqué, marge extérieure formant angle aigu à l'extrémité de la veine médiane supérieure: aile postérieure avec apex généralement convexe; bord extérieur oblique et se dirigeant en arrière, légèrement sinué et distinctement anguleux à l'extrémité de la veine médiane inférieure. Cellules comparativement plus larges et plus courtes. Nervulation pareille, sauf que dans l'aile antérieure, la quatrième branche souscostale part plus près de l'apex, et dans l'aile postérieure, les deux souscostales sont émises bien au delà de la moitié de la cellule au lieu de l'être près de l'extrémité, et la médiane centrale à quelque distance avant l'extrémité de la cellule, au lieu de l'être au delà de l'extrémité.

Corps et base des ailes squameux, tandis que dans le *B. mori* ils sont laineux. La tige des antennes est moins épaisse et les lamelles plus fines; les pattes et tarses plus fins, à écailles écartées au lieu d'être serrées, et laineux comme dan les B. mori.

RONDOTIA MENCIANA, sp. nov. MOORE.

Papillon. Ailes d'un jaune ochracé; ailes antérieures avec une bande antimédiane transverse, étroite, garnie d'écailles noires: elle est légèrement anguleuse entre les nervures médianes et sous-médianes; une bande

1. F. Moore, *Description of a Species of Wild-Mulbery Silkworm allied to* Bombyx *from Chehkiang, North China*, dans ANNALS AND MAGAZINE OF NATURAL HISTORY, June 1885.

pareille irrégulièrement ondulée et postmédiane ; un trait léger et denté au bout de la cellule ; aile postérieure avec une bande fine, discoïde, transverse, garnie d'écailles noires moins bien définies et aussi légèrement anguleuse extérieurement au delà de la cellule ; plus large et plus foncée à son extrémité extérieure ; une tache piquetée de noir se trouve aussi sur le milieu du bord abdominal.

Corps. Thorax jaune ochracé ; abdomen brun ochracé ; pattes plus pâles ; yeux noirs ; tige des antennes brune ; lamelles noirâtres, extrémités des fémurs et des tibias noirâtres.

Envergure : papillons du printemps, 30 à 38 millimètres ; papillons d'automne (cette espèce est bivoltine), 32 à 33 millimètres, d'après N. Rondot. Dimensions d'après F. Moore : femelle, 1 pouce 4 dizièmes = 33 millimètres ; mâles, 1 pouce 3 dizièmes = 30 millimètres.

Larve. Environ 2 1/2 centimètres de longueur (20 à 28 millimètres, N. R.), robe unie jaune olive pâle ; 16 pattes ; forme élancée ; tête et second segment petits, 3ᵉ et 4ᵉ segments quelque peu gonflés ; une petite corne charnue, molle et noirâtre de 2 1/2 millimètres sur le sommet du 12ᵉ segment ; plus large à sa base, cette corne est pointue à son extrémité ; tous les segments, sauf celui de la tête, sont striés transversalement, chacun ayant quatre à cinq stries formées par des plis de la peau. Au-dessous des stigmates, vers la partie inférieure du corps, les segments sont plissés dans le sens de la longueur ; les stomates sont ovales, bruns, avec un très léger cercle extérieur noir ; les segments antérieurs et postérieurs ont entre les stries quelques petits points bruns. On trouve aussi une ligne de points bruns, au-dessus des pattes antérieures et moyennes, et de celles des autres segments, excepté l'anal. Les pattes écailleuses et membraneuses sont brunes, les côtés de la tête et les mandibules sont tachetées de brun foncé ; on trouve une tache noire dorsale sur le segment anal.

Habitat. A été trouvée par nous sur les mûriers cultivés et sauvageons à Han-kéou, province du Hou-pé, et a été recueillie au Tché-kiang, à *Wen-lou* et sur les rives du *Taï-hou* (Lac Taï), ainsi qu'à *Lou-tchéou*, à peu de distance de là, dans le département de *Hou-tchéou-fou*.

Cocon. Les cocons varient de grosseur, suivant qu'ils appartiennent à la récolte du printemps ou à celle d'automne. Dans le premier cas, ils mesurent de 14 à 22 millimètres de long sur 8 à 12 millimètres de large; dans le second cas, ils n'ont plus que 12 à 17 millimètres sur 7 à 9. On les trouve, le plus souvent, à la surface de la feuille, isolés ou en groupes et fixés par quelques brides de soie. Ceux du printemps sont souvent à demi enveloppés dans la feuille, dont les bords sont retenus par des filets de soie. Les cocons d'automne sont simplement adhérents à la feuille sur laquelle ils sont à découvert, et rarement retenus par des liens de soie. Ils sont moins riches en soie que les premiers. On en trouve souvent plusieurs construits côte à côte. La chrysalide est brun foncé.

La femelle pond ses œufs en paquet plus ou moins recouvert par les poils courts et écailleux du bouquet anal, un peu partout, sur les branches, les feuilles et même sur les cocons. La chenille est à quatre mues. Son nom chinois est *Pé-yen-tsan*, c'est-à-dire ver à soie à yeux blancs.

Nous avons trouvé un certain nombre de cocons perforés par un parasite, dont nous avons pu obtenir quelques éclosions. Il a été reconnu pour appartenir au genre *Pimpla*, mais paraît être une espèce nouvelle non encore déterminée, faute d'en avoir eu assez d'échantillons.

Soie. D'après les études faites par M. Th. Wardle sur les cocons, la bave est formée de deux brins cylindriques très fins, lisses et incolores. Le diamètre, presque uniforme dans toute la longueur du fil du cocon, est de 18 μ[1]. En somme elle ne diffère pas comme structure de celle du B. mori ou du Th. mandarina, mais elle est plus fine que celle de ces deux espèces. En effet MM. Gensoul et Dusuzeau, du Laboratoire des soies de Lyon, ont trouvé que la finesse moyenne de la première est de 27 μ, tandis que celle de la seconde est de 20 μ. Comme elle est fortement recouverte de grès elle s'affine encore au décreusage et passe de 12 et 18 μ, suivant qu'elle appartient aux cocons de printemps ou à ceux d'automne, à 8 μ et 10 μ.

Les cocons sont à tissure très lâche et forts pauvres en soie; ils sont très difficiles à dévider, la bave se détachant par paquets et cassant à chaque

1. 1 μ ou micron équivaut à un millième de millimètre.

instant. Nous ne croyons pas qu'elle soit utilisée par les Chinois. Le tableau suivant montre ses caractéristiques comparées à celles du B. mori et du Theophila.

	RONDOTIA MENCIANA	THEOPHILA MANDARINA	BOMBYX MORI
Finesse moyenne. . .	15μ	20μ	27μ
Ténacité d° . . .	3 à 4 grammes	7 grammes	9.4 grammes
Elasticité d° . . .	18 à 20 0/0	19.4 0/0	12.1 0/0

La proportion de bourre est forte. Les cocons vides pèsent suivant la récolte de 50 à 72 milligrammes et de 25 à 36 milligrammes. Ils donnent en moyenne 75 mètres de bave dans le premier cas et perdent 40 0/0 au décreusage.

M. H. Kopsch à Ning-po n'a pu réussir d'éducations en chambre. Plus heureux que lui, nous avons pu obtenir un certain nombre de cocons en captivité et avons pu constater que l'espèce est bivoltine.

VERS A SOIE INDÉTERMINÉS.

En plus des vers à soie sauvages que nous venons d'étudier, il existe encore en Chine bon nombre de lépidoptères dont les larves construisent des cocons soyeux plus ou moins susceptibles d'être utilisés, mais dont on ne connaît encore l'existence que d'une façon incertaine, grâce aux citations des livres chinois ou aux observations incomplètes de quelques observateurs superficiels.

Le *Tche-wou-ming-che-tou-kao* au chapitre traitant des vers à soie sauvages: *Tchou-kien-pou,* mentionne les vers à soie du *La-chou, Fraxinus sinensis,* qui donnerait une belle soie fort brillante; celui du *Shan-li, Castanea vulgaris* ou un *castanopsis* sans doute nouveau. Le dernier ver se trouverait dans l'île de Haï-nan, dans le district de *Wen-tchang-hsien,* département de *Kioung-tchéou-fou,* il donnerait une soie dont on fait des étoffes durables. La ville de *Hsin-hsing* au Kouang-toung fournirait aussi cette soie. Le *Nan-yüe-pi-ki,* ou Histoire des choses remarquables dans la Chine du Sud, ouvrage publié sous la dynastie régnante, mentionne aussi la soie du châtaignier de *Wen-tchang* à Haï-nan. Dans le Tché-kiang, dit le premier ouvrage, l'arbre *Lien (Melia Azadirachta)* nourrit à *Hou-tchéou-fou* un ver sauvage, dont la soie est employée à fabriquer des bandeaux de tête pour les femmes. Il se pourrait que ce fût le *Theophila mandarina* que nous avons vu, lui aussi, fournir la soie employée pour ces turbans *(Sha-pao-téou).*

Un ver à soie, aussi petit qu'une fourmi, vivrait aussi sur le *Houaï* qui est le *Sophora japonica* ou *S. flavescens* de la Chine du nord.

« Le papillon du ver à soie du *Yü (Ulmus)* est pareil au criquet et son « cocon ressemble à celui de l'araignée, il est peu solide et ne peut être « utilisé. » L'orme est représenté par plusieurs espèces dont voici les principales : au nord *Ulmus pumila ; U. campestris ; U. macrocarpa ;* au centre et au sud *U. parvifolia* et *U. spinosa.*

La chenille du *Tchou (Ailantus glandulosa)* vit dans un cocon ouvert, entouré avec les feuilles de l'arbre, ne sortant que la moitié du corps et le traînant après elle. Elle peut en sortir entièrement : c'est un insecte stupide. Cette naïve description chinoise s'applique aussi de tout point à une psychidée.

L'auteur de l'histoire de la dynastie des Soung dit que la feuille du *Tse (Zyziphus vulgaris)* sert à nourrir les vers à soie. *Taï-tsou,* premier empereur de cette dynastie (960 de notre ère), avait interdit pour cette raison d'abattre les mûriers et les jujubiers. L'auteur de la nomenclature et description des plantes *Wou-ki-sun* cite, lui aussi, le ver à soie du jujubier.

Au Kouang-toung, à *Kia-yin-tchéou* et à *Tcheng-hsiang* le *Kouéi-chou (Cinnamomum cassia)* sert aussi à la nourriture d'un ver à soie. Il s'agit sans doute ici du *Saturnia pyretorum* ou de l'*Attacus atlas* que nous avons vus élevés dans ces localités sur le Stillingia et le Camphrier.

L'ancien dictionnaire *Eul-ya,* après avoir cité quelques-uns de ces vers, y ajoute encore ceux du *Louan* ou *Kœulreuteria paniculata,* arbuste fort décoratif, découvert pour la première fois par d'Incarville dans les environs de Pe-king, mais qui se trouve aussi au Chan-toung et au Kan-sou, et dont les fleurs donnent une teinture noire. Il parle aussi du ver à soie du *Hang* ou *Siao* qui parait être l'*Artemisia annua.* Il ressemblerait au ver à soie domestique du mûrier. La plante se trouve presque dans toute la Chine, de Pe-king à Formose, et ses feuilles sont en effet très souvent attaquées par une chenille encore inconnue.

Un autre auteur chinois, traduit par Stanislas Julien dans ses *Mélanges de géographie asiatique,* voyageant en 981 et 982 en pays des Ouigours au *Kao-tchang*, dit qu'on y nourrit à l'air libre des vers à soie sur la plante *Kou-chen* et que leur soie sert à faire des étoffes. Julien a traduit à tort *Kou-chen* par *Colutea.* D'après Bretschneider, il s'agirait d'un arbre de la famille des légumineuses. Au Japon *Kou-chen* désigne le *Sophora angustifolia.* Nous pensons que l'arbre pourrait bien être le *Broussonetia,* et le ver à soie serait sans doute alors un *Theophila.*

Laissant les citations d'auteurs chinois, nous arrivons aux observateurs européens. Nous avons vu que Staunton a trouvé sur les confins du Tche-li et du Chan-toung un ver à soie sauvage resté indéterminé.

En 1846, M. I. Hedde a recueilli, dans le Sud de la Chine, des vers à soie sauvages sur le *Yang-tao* qu'il dit être un peuplier. Jusqu'ici, arbre et chenille sont restés inconnus. Suivant nous, M. Hedde confond évidemment le *Yang-tao* avec le *Yang-chou ;* le premier est le *Myrica sapida,* le second un peuplier. Bretschneider et le Dr Henry disent, par contre, que le *Yang-tao* est l'*Actinidia chinensis,* plante grimpante donnant un fruit comestible de la grosseur d'une prune. Nous en avons trouvé un échantillon dans l'herbier de d'Incarville sous le nom de Yang-tao et avec cette note : « On mêle l'eau dans laquelle on a fait bouillir ces branches « dans la composition du papier pour lui donner du corps. Pour M. Ber- « nard de Jussieu. » A Canton et au Fou-kien, on donne aussi le nom de *Yang-tao* à l'*Averrhoa carambola* (de la famille des oxalydées) dont le vrai nom est *Tchang-chou.*

M. N. Rondot nous dit qu'un ver à soie sauvage vit dans le Tché-kiang sur le *Cudrania triloba.* Il tisse un petit cocon pointu à l'un des bouts. Il n'a pu encore être déterminé. C'est sans doute de ce

ver que veut parler le comte Castellani quand il dit : « D'après un ma-
« manuscrit du Père *Tchèng* (missionnaire chinois catholique qui s'est « beaucoup occupé de l'éducation des vers à soie),..... il y a à *Kia-hing-* « *fou*, dans la province du *Tché-kiang* une autre espèce de ver à soie qui « mange les feuilles de l'arbre *Tchéa* (Tché ou Chi ou Shih), et qui n'est « élevée que par les pêcheurs de barques [1]. »

D'après M. I. Hedde, on élève à l'air libre, sur le Tché, dans le Se-tchouan un ver à soie dont Du Halde parlait sans doute quand il disait : « Il y a des vers à soie qui ne sont pas plutôt éclos dans la maison qu'on « les porte sur les arbres (*Tche*) où ils se nourrissent et font leurs coques. « Ces vers campagnards et moins délicats deviennent plus gros et plus « longs que les vers domestiques, et quoique leur travail n'égale pas « celui de ces derniers, il a pourtant son prix et son utilité [2]. »

M. Kleinwächter, dans deux dessins coloriés accompagnant son rapport, montre des vers à soie sauvages, larves et papillons sur le *Tché*. M. N. Rondot n'a jamais entendu parler en Chine de ces éducations en plein air. Le commissaire des douanes de Ning-po, citant un auteur chinois, énumère huit espèces de ver à soie vivant à *Young-kiu*, département de *Wen-tchéou-fou* au Tché-kiang, et il regarde comme une espèce distincte le *Tché-tsan* qui forme son cocon en mai. M. I. Hedde avait obtenu une information semblable pour le Se-tchouan et pensait qu'il s'agissait bien là d'une espèce particulière. Kleinwächter ajoute que cette soie est dure et qu'on en fait seulement des cordelettes. Suivant un autre commissaire des douanes, elle est encore employée pour les passementeries, tresses et cordes d'instruments de musique. Du Halde disait aussi : « Elle est forte « et résonnante et on l'appelle *Ki-kin* à cause de sa force. » M. Kleinwächter a envoyé à M. N. Rondot, comme ver à soie du Tché, une petite chenille presque noire recueillie sur le *Cudrania triloba* à *Hou-tchéou-fou*, au Tché-kiang. Elle ressemble beaucoup à celle d'un Ocinara, peut-être

1. Comte B. Castellani, *De l'éducation des vers à soie en Chine faite et observée sur les lieux*, 1861, cité par N. Rondot, *loc. cit.*, vol. II, p. 11.
2. J. B. Du Halde, *Description géographique*... vol. II, p. 208.

serait-ce la larve de l'*Ocinara dilectula* de Walker qui a été trouvé dans l'Himalaya.

Dans les Annales de la province du Chan-toung *(Chan-toung-toung tche)*, nous avons trouvé la mention de l'existence à *Yen-tchéou-fou* de la soie du *Tchi*, citée comme y existant déjà dans le classique *Yü-koung*. Or, le Tchi est une espèce d'arbre à vernis, le *Rhus semi-alata* ou *R. succedanea*. Il est vrai qu'un ancien commentateur de l'*Eul Ya*, nommé *Kuo-po*, dit que l'ailante est une espèce de *Tchi*. Dans ce cas, le ver à soie en question ne serait autre que le *Philosamia Cynthia*.

M. N. Rondot dit enfin avoir reçu de M. Kleinwächter, en 1882, trois espèces de Psychidées, sous les noms respectifs de *Yang-chou-tsan* ; *Paï-chou-tsan* et *Tchoun-chou-tsan*. Le premier est un ver vivant sur le *Salix pentandra (Yang-chou)* ; le second vit sur un arbre non déterminé, suivant l'auteur, mais que nous croyons être l'*Evonymus sieboldiana*, appelé communément *Paï-chou* à Ning-po. Quant au ver, c'est une espèce d'Eumeta, d'après M. Moore. Il aurait été rapporté de *Nan-sin* ou *Nan-sun*. La troisième psychidée serait celle de l'ailante *(Tchoun-chou)* ou du *Cedrela sinensis*.

On doit encore à M. Kleinwächter l'envoi d'une chenille qu'il appelle *Peh-yang-chou-tsan*, ver à soie de l'arbre *Peh-yang*, sans doute un peuplier. M. Moore rapporte l'insecte à la famille des Ennomidées (classe des Géométridées) et probablement au genre *Selenia*. C'est une véritable fileuse de soie. On n'en connaît encore que le cocon qui est, dit M. Rondot, construit d'une façon singulière. Il est tissé de la même manière que celui du ver du mûrier, avec cette différence qu'il est entièrement recouvert d'une feuille ou de feuilles repliées faisant en quelque sorte partie du tissu, tant elles sont retenues par le lien de soie et imprégnées de grès. « Le « cocon a de 35 à 42 millimètres de grand diamètre sur 8 à 14 milli- « mètres de petit diamètre. » La bave mesure 13 μ de largeur et est formée de deux brins cylindriques lisses. Le cocon pèse de 50 à 60 centigrammes. Il est presque entièrement rempli d'une bourre de soie de couleur jaune passant au brun clair et au brun roussâtre. Cette sorte de ouate se compose d'une bave molle, faible, très fine (6 μ) en bouts courts.

Les parois du cocon, dit M. Wardle, sont tissés d'une façon continue; dans la bourre, qui le remplit presque entièrement, on trouve des fragments d'une sorte de membrane tachetée et de rares petits morceaux irréguliers d'une matière qui ressemble à de la pierre. Toutefois, la plus grande partie de la bourre est faite de fibres courtes. Cette espèce, fort curieuse, a été rapportée à M. Kleinwächter par un de ses émissaires chinois, qui l'a trouvée souvent sur les arbres des cimetières dans les environs de Kia-hing-fou et de Hou-tchéou-fou au Tché-kiang. Le *Peh-yang*, qu'il désigne comme l'arbre sur lequel elle vit, est ou un *Salix pentandra* ou un *Populus alba*. On recueille, paraît-il, ces cocons en janvier et février sur les arbres aux environs de *Sou-tchéou-fou*, et on en ferait des Pongées. Mais ceux de ces tissus qui furent envoyés furent reconnus pour avoir été faits en soie d'*An. Pernyi*. M. Natalis Rondot estime les informations chinoises sur ce ver comme erronées, vu qu'il lui paraît impossible d'utiliser ces cocons dans l'industrie.

M. W.-B. Pryer a signalé une espèce d'*Oiketicus* comme abondante à Chang-haï et M. Kopsch a informé M. N. Rondot que l'*Oiketicus Saundersii*, ou une espèce voisine, se trouve dans le *Tché-kiang* sur le cyprès (aussi appelé *Paï* ou *Peh-chou*) et sur d'autres arbres.

M. N. Rondot signale encore l'existence d'un lépidoptère inconnu, à cocon de soie, recueilli sur le *Tchoun-chou* (ailante ou cédrela) et envoyé par M. Kleinwächter. Ce cocon est à parois minces, mou, formé de fibres brillantes imprégnées de grès. Il mesure 30 millimètres de long sur 12 de large.

Ce même observateur a découvert aussi au Tché-kiang une lasiocampidée séricigène, c'est la *Gastropacha angustipennis*, Walk. dont le papillon roux mesure 7 centimètres d'envergure. Il ne dit pas sur quel arbre vit sa larve. Il a encore envoyé de *Sin-chih*, dans cette province, une autre lasiocampidée, dite *Siang-chou-tsan*, ou ver du Siang (*Evonymus mungeana*), et un ver inconnu, le *Tse-teng-chou-tsan*. La plante Tse-teng-chou paraît être le *Vitis flexuosa* de Thunberg[1]. Il parle aussi du *Pi-chou-tsan*, de

1. Cf. N. Rondot, *loc. cit.*, vol. II, p. 220 à 222.

Hou-tchéou-fou, et d'un ver à soie du *Pi* ou *Pe*, sans doute le cyprès (*Cupressus funebris ?*)

ARAIGNÉES.

Les lépidoptères de diverses espèces ne sont pas les seuls arthropodes qui fournissent de la soie. La classe des arachnides comprend un grand nombre de fileurs de soie, et nous avons rencontré dans nos voyages en Chine plusieurs espèces d'araignées dont les toiles étaient formées de la plus belle soie jaune.

La première personne qui ait mentionné leur existence est F. Garnier. La mission française d'exploration en Indo-Chine dont il était le chef et qui pénétra au Yun-nan en remontant le Mé-kong, observa une araignée rougeâtre habitant les environs de *Ta-lan*[1]. Elle y pullule dans les broussailles et les taillis des montagnes. La toile et le cocon sont faits d'une soie jaunâtre très résistante, semblable à la soie du Bombyx mori, mais un peu moins fine. Cette soie est récoltée et envoyée à Yun-nan-fou, où l'on en tisse une étoffe appelée *Toung-haï-touan-se*, c'est-à-dire : Satin de la mer orientale. Ce satin est très solide, mat, en général de couleur noire, quoique la soie de cette araignée puisse être teinte en toutes couleurs ; cette étoffe est très estimée dans toute la Chine. Elle coûtait dans le Yun-nan 5 à 6 fr. le kilogramme. D'après la mission française, il y aurait d'autres araignées à soie, mais peu abondantes, dans le sud de l'Indo-Chine. Chose remarquable, personne depuis n'a plus jamais entendu parler de cette soie. Pendant notre long séjour en Chine, nous l'avons recherchée en vain un peu partout. M. E. Rocher n'en parle pas dans son livre *La Province de Yunnan*, ce n'est pas d'ailleurs un oubli, car, interrogé par nous, il nous a dit n'en avoir jamais entendu parler. La même

1. Peut-être s'agit-il ici de l'*Epeira maculata* qui est signalée comme habitant le sud de la Chine.
Cf. F. Garnier, *Voyage d'exploration en Indo-Chine*, 1873, vol. II, p. 414 et 458.

réponse nous a été faite par plusieurs de nos missionnaires français ayant longtemps vécu au Yun-nan ou dans les provinces voisines. De ce nombre sont l'abbé A. David et Mgr Biet, qui, tous deux, ont fait, ou fait faire, de très intéressantes récoltes d'insectes dans ces pays. Il y a plus, aucun des naturalistes sinologues qui ont fouillé la littérature scientifique des Chinois, n'a réussi à en trouver trace dans leurs livres, aucun des collectionneurs ou voyageurs européens, tels que Pratt, Hosie, Baber, Colquhoun, Rockhill, etc., n'en ont parlé dans leurs récits de voyage. M. N. Rondot, qui a fait faire des recherches spéciales et a été aidé par l'administration des douanes tout entière, n'a pas été plus heureux. Cette industrie aurait-elle disparu du pays à la suite de la fameuse révolution des Musulmans qui le bouleversa et le ruina de fond en comble en 1862 ? La chose est possible, mais il en serait resté des traces dans les livres chinois, et en particulier dans la description de la province. Nous sommes fortement porté à croire que l'araignée séricigène du Yun-nan n'a jamais fourni le fameux satin de la mer orientale. Celui-ci pouvait fort bien exister, comme l'araignée, mais nos explorateurs ont été induits en erreur quant à sa provenance, ou auront mal compris les récits ou les écrits de leurs guides indigènes. Ils ne seraient pas les premiers d'ailleurs, et l'on sait ce que des erreurs de traduction ont fait dire de faussetés, sur la cuisine des Chinois par exemple. N'avons-nous pas vu affirmer gravement, sur la foi d'un menu chinois, que ce peuple se nourrissait de chats sauvages. *Shan-mao* avait été traduit littéralement montagne chat, soit chat sauvage. Or, c'est le nom vulgaire du lièvre! Nous en pourrions citer de plus fortes et de non moins authentiques, émanant de la plume de célèbres sinologues.

Voici cependant ce que nous pouvons dire quant à nos propres observations. Il existe dans toute la Chine plusieurs espèces d'araignées tissant des toiles de soie aussi belle que solide. Nous avons souvent trouvé dans les montagnes du Chan-toung d'immenses toiles de soie jaune d'or, tendues entre les pins, au centre se trouvait une grande araignée jaune, rouge et noire, l'*Epeira (Nephila) picta*. De gros insectes, tels que les papillons du ver à soie du chêne, et même des moineaux, s'y prenaient fort bien.

Notre ami, M. Collin de Plancy, a même vu un de ces oiseaux pris dans une toile semblable, à la légation de Pe-king, rapidement enlacé de fils solides par l'araignée qui comptait bien évidemment en faire sa proie.

D'après M. N. Rondot, une autre espèce, le *Nephilengys malabarensis* de Walckenaer, ou *Nephila rivulata* de Kock, est très répandue, non seulement dans l'Inde, à Bornéo, et en Australie, mais encore en Chine. M. Th. Wardle, qui en a étudié la soie, l'a trouvée de la nature de celle du *B. mori*. Elle est, comme cette dernière, chargée d'une sorte de grès ou vernis se dissolvant dans une lessive bouillante de savon et laissant une fibre à peu près pure, peut-être identique avec la *fibroïne* du ver à soie du mûrier. La grosseur du brin était de 8 μ en moyenne, se rapprochant, comme on voit, de celle du *Rondotia menciana*. Sa ténacité est plus grande, car il supporte 3.98 grammes, celle du R. menciana n'étant que de 3.76 grammes. L'élasticité est encore plus remarquable, puisqu'elle est mesurée par 6.6 centimètres, tandis que le brin du ver de la Chine ne s'allonge que de 4 centimètres. La soie du *Nephilengys malabarensis* est souvent formée de deux brins, mais M. T. Wardle n'a pu découvrir combien de tubes excréteurs possédait cette araignée. La soie de la toile est une fibre cylindrique brillante, de couleur jaune blond ou jaune brun clair, et souvent jaune d'or vif. Celle de la *Nephila picta* du Chan-toung nous a toujours paru d'un jaune d'or très brillant.

La soie de l'araignée chinoise prend facilement toute espèce de teinture. Les échantillons de cette soie qui ont été apportés en Angleterre y ont été estimés au prix de 6 fr. 50 à 7 fr. le kilogramme [1].

Il est plus que probable que les Chinois, en gens qui savent tirer parti de tout, auront essayé et réussi à tisser la soie d'Epeire, mais, nous le répétons, personne, à notre connaissance, n'a encore jamais vu en Chine d'étoffe tissée de cette soie.

1. Cf. N. Rondot, *loc. cit.*, vol. II, p. 249 à 251.

CHAPITRE IV.

INDUSTRIE.

I. ÉLEVAGE.

De tous les vers à soie sauvages, les vers du chêne sont ceux qui donnent lieu à la plus grande industrie, et par suite à un élevage à demi-domestique. Après eux viennent ceux de l'ailante et enfin ceux du mûrier. Mais les produits de ces derniers sont à peine connus du commerce, même en Chine. Les soies d'ailante sont produites en fort petite quantité et n'ont été importées en Europe qu'à titre d'échantillon. Seuls les tissus de soie, faits avec les cocons de l'*Attacus* ou *Antheræa Pernyi*, donnent lieu à une exportation importante sur les marchés de l'Occident. Nous ne nous occuperons donc que de l'élevage de ces vers, et de la fabrique des Pongées de soie du chêne.

Nous avons vu que la Province du Chan-toung fut le pays d'origine des vers à soie du chêne. De là, ils furent importés avec l'industrie des Pongées, dans les provinces du Nord et du Centre, Tche-li, Ching-king et Hou-pé et dans celles du Sud, Koueï-tchéou et Se-tchouan. Dans ces dernières, elle n'y prospère même qu'à la condition de renouveler fréquemment la race en allant chercher au Chan-toung des cocons nouveaux, sans quoi les vers perdent de leur force et leurs produits en souffrent, de bivoltins ils deviennent même univoltins, ne donnant alors, dans la partie basse du pays, qu'une récolte de soie par an, au lieu de deux comme dans les montagnes et au Chan-toung[1]. C'est aussi de cette province qu'on fit venir les éleveurs et tisseurs, qui apprirent cette industrie aux gens du pays. Il était donc tout indiqué d'étudier l'industrie des soies sauvages du chêne, sur les lieux d'origine. C'est ce que nous n'avons pas manqué de faire pendant un séjour de quatre années et demie, dans la province du Chan-toung. Non content d'étudier nous-même l'élevage au moyen d'éducations faites sous nos yeux et par nos soins, nous avons traduit un traité chinois sur cette question, paru dans le *Tche-wou ming-che-tou-kao ;* puis fait faire une enquête par un lettré chinois compétent, auprès de plus de vingt cultivateurs de soie. Il réunit pour nous, en un mémoire, le résumé de ses investigations. Nous en avons fait une traduction, que nous avons ensuite comparée soigneusement avec le mémoire du P. d'Incarville, tel que nous l'a transmis l'analyse donnée par le P. Cibot dans les Mémoires concernant les Chinois. Nous avons lu attentivement et discuté point par point, ceux qu'ont publiés, beaucoup plus tard, sur ce même sujet, les missionnaires J. Bertrand, puis P. Perny. Enfin, nous avons comparé le tout avec les éducations faites en Europe, par MM. Comba et Boraldi, à Turin, MM. Guérin-Méneville et L. de Milly et tant d'autres en France, en Espagne et même en Angleterre. Nous avons pu arriver ainsi à vérifier exactement les récits chinois, à éliminer ce qu'ils pouvaient avoir d'exagéré ou d'erroné. C'est le résultat de ce travail que nous allons maintenant condenser.

Le *Tchou-kien-pou,* traité des vers à soie sauvages, ayant servi à notre lettré comme modèle pour la rédaction de son mémoire, nous en respecterons l'ordre et la tournure, et donnerons une traduction aussi approchée du texte que possible, lui laissant même souvent sa forme toute chinoise. Ce mémoire est divisé par chapitres, dont nous prendrons aussi les titres. Il commence par une description très détaillée des diverses espèces de

1. « Ceci montre que le ver à soie du chêne demande plutôt une température froide qu'une chaude. » J. Bertrand, *Education des vers à soie du chêne au Kouëi-tchéou* dans ANNALES FORESTIÈRES, 1843, t. II, p. 641-648.

chênes, de la façon de les planter, etc. On a trouvé cette partie incorporée dans notre chapitre sur la botanique.

Choix des cocons. — Chaque année, dix jours après l'époque dite *Hsiao-je*, petite chaleur, soit vers le 7 juillet, on ramasse les cocons sur les chênes, et on met à part ceux que l'on destine à l'éducation du printemps de l'année suivante. On aura soin de ne prendre que les plus beaux et les plus lourds. En les secouant, près de l'oreille, on s'apercevra au son si la chrysalide est bien vivante. Il faut prendre à peu près autant de mâles que de femelles. Les cocons de ces dernières se reconnaissent facilement, en ce qu'ils sont plus gros et à bouts plus arrondis que ceux des mâles. On les dépose sur des claies d'osier ou de bambou, et on les expose au soleil pour en sécher le tissu, aussi bien que les feuilles dont ils sont le plus souvent recouverts. Quand ils sont bien secs, on les porte dans une chambre n'ayant d'ouvertures qu'au midi, où on les garde tout l'hiver, à l'abri des intempéries et de leurs ennemis naturels : rats, souris, oiseaux, insectes rongeurs, animaux domestiques, porcs et volailles, qui en sont très friands.

Enfilage des cocons. — On procède dans cette chambre à l'enfilage des cocons. Pour cela on traverse chacun d'eux par un fil au moyen d'une aiguille qu'on enfonce transversalement dans la partie du cocon opposée à la cordelette d'attache, qui indique le côté de la tête. En effet, si on enfilait le cocon par la partie céphalique, le papillon naissant ne pourrait arriver à en sortir ; le fil traversant l'ouverture serait pour lui un obstacle infranchissable (puisqu'il n'a pas d'organes lui permettant de couper même le mince fil du cocon). Quand on a ainsi un certain nombre de cocons enfilés sur trois pieds de longueur de fil, on en forme une sorte de collier ou chapelet en réunissant les deux extrémités, et on suspend le tout dans la chambre à environ un pied au-dessus du fourneau de briques qui forme au fond de l'appartement une sorte d'estrade ou lit de camp, appelé *kang*, sur lequel la famille couche l'hiver.

Ceux qui n'ont pas de plantations de chênes peuvent acheter des cocons au marché où l'on trouve des gens qui vont les chercher à la montagne et en font commerce. Ils coûtent en moyenne deux ou trois sapèques chaque.

Dans les environs de Niou-tchouang au Ching-king on n'enfile pas les cocons, mais on les garde dans des paniers suspendus au mur du fond d'une chambre orientée au sud. Bien que chauffée par le kang, la température y descend souvent bien au-dessous de zéro, pendant les mois de décembre et janvier et surtout de février, où le thermomètre accuse souvent dehors, le matin, jusqu'à 37° c. au-dessous de zéro.

Au Chan-toung il fait un peu moins froid et la température moyenne des chambres où l'on garde les cocons ne descend guère au-dessous de — 4° c. Les Chinois s'en inquiètent peu. Ils prétendent même que le froid est sain pour les chrysalides bien portantes, seules les faibles succombent et la race est ainsi sélectionnée par la survivance des plus fortes. Il est certain que les cocons des vers du chêne pourraient supporter sans périr de très basses températures, puisqu'ils sont indigènes dans le pays et qu'on a souvent vu des cocons oubliés sur les arbres donner, au printemps, de fort beaux papillons. Aussi les met-on à l'abri dans la maison beaucoup plus pour les soustraire aux animaux sauvages et aux voleurs, qu'à l'influence du froid.

Le P. J. Bertrand nous apprend qu'au Kouéï-tchéou, en plusieurs endroits, on trouve des vers du chêne entièrement sauvages et se reproduisant sans le secours de l'homme, d'après ce que lui ont dit les Chinois[1].

Chauffage des cocons. — Suivant un graineur italien, M. Balabio, qui a étudié au Chan-toung l'industrie des vers à soie du chêne, il faut éviter de dépasser dans la chambre de garde la température de 10° c. Autrement les papillons écloraient avant le développement des bourgeons des chênes. Il estime qu'en moyenne la température de ces chambres, grâce au kang, varie seulement entre — 2 et + 2 Réaumur.

Sitôt que les premiers rayons du soleil du printemps ont chassé les neiges et les glaces de l'hiver, on s'occupe activement de préparer l'éclo-

1. Bulletin de la Société impériale zoologique d'acclimatation, 1re s., t. V, 1858, p. 272-278. Réponse du P. J. Bertrand aux questions posées par la Société aux missionnaires en 1856.

sion des papillons. Quand les cocons ont été gardés en panier, on procède à l'enfilage tel que nous l'avons décrit.

Comme la température extérieure n'est pas encore assez chaude pour les faire éclore naturellement, on a recours à une sorte d'incubation artificielle dite chauffage. Dans les provinces du sud, la chaleur du printemps suffit généralement. M. Meadows écrit aussi qu'elle suffit à Niou-tchouang, mais nous en doutons. Il dit aussi qu'on peut disposer les chapelets de cocons sur des claies de bambou ou de roseaux, qui permettent à l'air chaud de circuler autour.

En tout cas, au Chan-toung, on chauffe toujours les cocons.

La bonne conduite de cette opération est très importante et très délicate, car tout le succès de l'éducation dépend de la manière dont elle aura été menée[1]. Voici comment on opère : on choisit une pièce bien abritée du vent et dont les ouvertures sont bien fermées, en vue d'éviter les courants d'air (c'est en général la pièce même où l'on a conservé les cocons). Vers le *Li-tchoun*, 6 février, époque à laquelle cessent définitivement les grands froids, pour faire place à la chaleur croissante du printemps, on suspend les chapelets de cocons sous des bancs ou tréteaux, de façon qu'ils se trouvent à environ un pied du sol. Au centre de la pièce, on dispose un brasero formé, en général, d'une chaudière de fer ou d'un fourneau portatif en terre. Le charbon qu'on y brûle doit être fait avec le bois du chêne, car celui de tout autre bois rend, paraît-il, les insectes malades. Il en est même, tel que celui de l'*Elcococca*, qui les empoisonne tout à fait. Il faut aussi éviter qu'il ne dégage de la fumée, aussi l'allume-t-on au dehors, pour ne le porter dans la pièce que quand il est bien incandescent. En le recouvrant alors de cendres, il donne une bonne chaleur constante et sans fumée. On entretient ainsi, pendant 45 jours environ, une température uniforme de 12 à 15° c. Vers l'époque du *Tchoun-fen*, 20 mars, les chrysalides font un bruit particulier en se remuant dans le cocon et bientôt apparaissent les papillons. Le mémoire du *Tche-wou-ming-che-tou-kao* re-

1. Trop de chaleur donne des vers rouges, pas assez et ils sont blancs; or ces deux couleurs sont anormales et indiquent des maladies qui empêchent le coconnage de réussir ; telle est du moins la théorie chinoise.

commande comme moyen pratique, pour ne pas dépasser la température voulue, ou la laisser tomber, d'entretenir le feu pendant 40 jours en ajoutant chaque jour la même quantité de charbon. Autrement, en forçant trop le chauffage, on ferait éclore les papillons avant qu'il y ait des feuilles pour nourrir les chenilles, qui périraient alors infailliblement. Il faut aussi tenir compte de la température extérieure, augmenter ou diminuer le feu en conséquence, mais veiller à ce qu'il ne s'éteigne jamais.

Éclosion des papillons. — Suivant l'auteur chinois, les papillons coupent le fil du cocon, nous savons qu'il n'en est rien et qu'ils l'écartent simplement. En général, les mâles sortent avant les femelles. Les éclosions ont lieu d'ordinaire entre 6 et 10 heures du matin. Dix jours après la première éclosion, soit vers le 30 mars, tous sont sortis. Au fur et à mesure de leur éclosion, on s'empare des papillons et on les enferme à part dans des paniers faits de jeunes rameaux de troène, *Ligustrum ibota,* ou d'osier rouge *Salix purpurea* ou de *Vitex incisa (Kin).* Ces derniers sont les meilleurs, paraît-il. Ils doivent être faits avec de jeunes branches et il faut encore qu'ils soient neufs, sans quoi les femelles n'y pondent pas. M. E. Simon a indiqué le Gattilier comme employé au sud pour la confection de ces paniers et il en a envoyé des graines et des échantillons à la Société d'acclimatation en 1862. Ces paniers ont de deux à trois pieds de largeur sur un ou deux de profondeur et sont munis d'un couvercle de dix pouces de hauteur. On trouve la figure d'un de ces paniers dans le rapport de M. Kleinwächter. Il a trois pieds de largeur sur un de hauteur, mais ce n'est pas le modèle de ceux employés au Chan-toung.

Accouplement. — Après avoir indiqué la manière de reconnaître les papillons mâles et femelles, au moyen de la forme des ailes, des antennes et du corps, l'auteur chinois continue sa description. Il faut, dit-il, laisser les papillons bien étendus et sécher leurs ailes avant de les mélanger. Pour cela, on les met séparément, au nombre d'une centaine (de 100 à 110) dans des paniers. Quand les ailes sont bien étendues, on voit si les mâles ont évacué un certain liquide brun (sorte de méconium), sinon on leur presse légèrement l'abdomen entre les doigts pour amener cette évacuation. Sans quoi les femelles les refusent. Un commentateur explique aussi que le sperme fécondant ne peut sortir qu'après cette opération. Cependant, dit-il, chez quelques mâles l'abdomen est petit et ne renferme pas de liqueur brune.

Les Chinois disent qu'il faut accoupler les papillons nés le même jour pour avoir une ponte d'œufs bien sains : autrement une partie des œufs sont clairs.

On mélange ensuite les sexes en renversant le panier aux mâles sur celui des femelles. L'accouplement se produit naturellement. Quelquefois cependant on y aide en les plaçant l'un contre l'autre. Il arrive aussi que certains mâles s'agitent beaucoup et dérangent les femelles, on devra enlever ces papillons que l'on appelle fous, ou leur couper les ailes et même les pattes. Quand les mâles sont trop bruyants on les enfume légèrement avec un feu de bois de chêne. Ils se calment alors et l'accouplement s'effectue normalement.

L'accouplement dure en moyenne 20 à 22 heures et il ne faut pas le laisser se prolonger au delà de 24 heures, autrement les papillons meurent en place ou bien les femelles épuisées ne peuvent arriver à pondre. Il faut donc séparer les papillons après 22 heures au maximum. On donne les mâles à manger aux chiens, aux volailles ou aux porcs. En temps de famine, on peut s'en nourrir. Si on manquait de mâles, on pourrait les employer à féconder un second lot de femelles, en divisant l'opération en deux jours. La seconde fécondation est moins bonne que la première et donne beaucoup d'œufs clairs. Quand les mâles sont trop agités et dérangent les femelles, il faut les jeter. L'accouplement terminé, on fait évacuer les femelles, pour cela on secoue l'abdomen en le pressant légèrement entre les doigts.

Ponte. — Une fois purgées, on place les femelles, au nombre d'environ 250, dans des paniers neufs. Trois à cinq jours après, elles ont pondu tous leurs œufs (250 à 300 environ par femelle[1]). En général, ils sont de

1. On a vu des femelles pondre jusqu'à 500 œufs, mais en général la moitié reste dans les ovaires où ils périssent avec la femelle. Les meilleurs sont toujours les premiers pondus.

couleur châtain roussâtre, mais il s'en trouve aussi des blancs. On place 250 autres femelles dans chaque panier qui sert ainsi pour 500. Si les femelles tardent à pondre, on les chauffe légèrement en plaçant le panier au-dessus de cendres chaudes ou bien on les enfume légèrement. Quand on n'a pas fait de provision de cocons, on peut acheter des femelles aux voisins, moyennant 2 sapèques pièce (environ 0 fr. 0041 ou 1/2 centime). En automne, elles ne valent qu'une sapèque, vu qu'on n'a pas eu les dépenses du chauffage pour la seconde éducation. Il n'est nullement nécessaire de tenir les œufs dans une chambre chauffée[1], mais on remise les paniers les contenant en les suspendant dans un appartement pour les soustraire aux attaques des rats et des souris.

Au Kouéï-tchéou, la ponte s'opère, d'après le P. J. Bertrand, dans des paniers en bambou, doublés intérieurement de papier, et on obtient l'éclosion en suspendant ces paniers sur un feu peu ardent. On procède encore comme pour celle des vers à soie du mûrier et les femmes suspendent à leur cou un sachet contenant les œufs. La chaleur du corps humain suffit pour provoquer l'éclosion.

Achat des œufs. — De même que l'on peut acheter des cocons ou des femelles prêtes à pondre, on peut encore acheter des paniers avec les œufs. Mais il faut alors les examiner de fort près si l'on ne veut pas s'exposer à être trompé. Les marchands, peu honnêtes, ont, en effet, souvent recours à la fraude suivante : Ils se procurent des paniers ayant déjà servi une fois. Ils en détachent, par un brossage énergique, les débris d'œufs et ceux qui ne sont pas éclos. On recueille ces derniers à part, au moyen d'un tamis et du vannage. Avec un peu de colle de pâte, on les fixe à nouveau à la surface interne du panier, puis, au moyen d'une brosse trempée dans du sang de porc, on projette ce sang en gouttes fines sur le papier, qui se trouve ainsi maculé de taches imitant fort bien celles que laissent les femelles au moment de la ponte. On pousse même la ruse

1. On sait d'après des expériences récentes de M. Cailletet, que les œufs de vers à soie supportent parfaitement sans périr des températures atteignant 40° au-dessous de zéro.

jusqu'à mettre dans le panier quelques femelles fécondées qui y déposent un certain nombre de bons œufs et on vend ces paniers en choisissant adroitement le moment où les vers sortent de ces œufs. C'est ainsi, dit l'auteur, que l'on vole les pratiques.

Un éleveur soigneux reconnaît la fraude en examinant la façon dont les œufs sont collés sur le papier et les marques laissées par la colle. Les papillons déposent leurs œufs en petits tas ou paquets, tandis que le brossage à la colle les étale sur le papier.

Au Ching-king, d'après M. Meadows, la ponte s'opère sur des feuilles de papier simplement disposées sur des tables ou des nattes[1]. On reconnaît les œufs clairs ou inféconds en ce qu'ils sont déprimés au centre.

Éclosion des œufs. — Quand le printemps est assez avancé pour que les premières feuilles de chêne commencent à paraître, il est temps de faire éclore les œufs. Si la mauvaise saison se prolongeait, et qu'on manquât de feuilles, on peut aussi retarder l'éclosion des œufs qui pourrait se produire tout naturellement, grâce à la chaleur entretenue dans la maison. Pour cela, on les place dans un vase en terre que l'on enfouit assez profondément dans le sol. C'est une sorte de mise en cave. M. l'abbé P. Perny, dans sa monographie des vers à soie du chêne au Koueï-tchéou dit que, quand on manque de feuilles de chêne, on peut leur donner celles du *Yang-mey* qu'il appelle un arbousier. C'est le *Myrica sapida* et nous doutons fort que la chenille de l'*An. Pernyi* puisse manger la feuille de cet arbre, bien qu'il ajoute : « C'est le seul feuillage étranger qu'ils veuillent manger. » Nous savons par expérience que M. Perny était très peu versé dans la botanique, ainsi qu'en témoignent les fautes dont pullule son dictionnaire botanique chinois-latin-français.

Au contraire, pour précipiter l'éclosion des vers il faut chauffer les œufs. Voici comment on procède aux environs de Tché-fou. Vers le 18 avril, on dispose chaque panier à œufs sur le kang, dont il est séparé par un trépied formé par trois morceaux de bois de 3 pouces de hauteur. On

1. Bulletin de la Société impériale zoologique d'acclimatation, vol. V, 18 juin 1858, p. 317.

chauffe régulièrement le kang matin et soir pendant 7 à 8 jours, au moyen d'un feu entretenu avec du charbon de bois de chêne. On suit les progrès de l'incubation en examinant chaque jour le contenu de quelques œufs qu'on ouvre au moyen d'une aiguille. Dès que la forme de la chenille s'y dessine, on cesse de chauffer et, deux ou trois jours après, l'éclosion se produit. Si elle tarde à s'effectuer, on facilite l'opération en aspergeant légèrement les œufs avec de l'eau tiède.

Élevage des chenilles. — Sitôt que les jeunes chenilles commencent à paraître, on va dans la montagne couper, sous les chênes, les jeunes rameaux partant de la racine (gourmands) et qui ont des feuilles plus tendres que celles que l'on trouve sur l'arbre, puis on les rapporte à la maison et on les pique dans des baquets pleins d'eau. On place dessus les jeunes vers pendant leur premier âge. Cette manière de les élever s'appelle *Chouei-tchang*. On peut encore planter lesdits rameaux dans le sable ou la vase, au bord d'un ruisseau de montagne à l'eau claire et douce, en un endroit abrité du vent. Sinon on élèvera un paravent en nattes du côté où il souffle[1]. Les jeunes branches ainsi traitées se comportent comme des boutures et donnent des feuilles tendres et abondantes; c'est l'élevage à sec ou *Han-tchang*. Pour transporter les vers sur les feuilles, il ne faut point les toucher, mais simplement disposer les branches dans les paniers, les chenilles y montent d'elles-mêmes. L'émissaire chinois de M. Kleinwächter prétend que l'on place les paniers dans l'eau courante d'un ruisseau pour empêcher les vers de s'égarer ailleurs que sur les rameaux feuillus qu'on a disposés à leur intérieur. Nous n'avons jamais entendu parler de ce procédé qu'il a, croyons-nous, puisé dans son imagination. Il ne faut pas perdre de vue, en effet, qu'il n'existe pas d'éducations de vers de chêne au Tché-kiang et que le rapport en question a été fait loin des sources d'information et de tout contrôle.

Les jeunes vers sont d'abord noirs et désignés sous les noms de *Hé-yi,* fourmis noires ou de *Miao* (jeunes pousses). Après 5 à 6 jours, ils

1. Au Ching-king, on répand des jeunes feuilles sur le papier couvert d'œufs pour nourrir les jeunes vers pendant les premiers jours.

cessent de manger, font leur premier sommeil, *Téou-mien,* et changent de peau. Ils prennent alors le nom de *T'ouo* c'est-à-dire peau dépouillée. Quand ils ont dix-huit millimètres et demi de longueur (5 *fen*), ils prennent le nom de *Tsan*, ver à soie : cela arrive après la seconde mue, c'est-à-dire 15 jours environ après leur naissance. On peut alors les transporter sur les arbres de la montagne. A cet effet, on dispose les rameaux, sur lesquels ils sont élevés, debout dans des paniers *ad hoc* mesurant quatre pieds de profondeur sur deux de largeur et munis d'anses. Il faut faire grande attention à ne point froisser les vers et, pour ce, on ne les touche jamais avec les doigts. Quand il faut les ramasser, on se sert de petits balais faits avec l'inflorescence plumeuse du roseau (*Phragmites communis*). C'est surtout au moment du changement de peau qu'il faut éviter de déranger les chenilles. L'auteur décrit fort bien la façon dont procède l'insecte pour se débarrasser de sa peau, et il fait remarquer qu'il la fixe sur la feuille par la partie anale et se tire par ses pattes écailleuses. Si le point d'attache est rompu, la chenille ne peut effectuer sa mue et périt. Il faut choisir une belle journée pour opérer le transport. Pour placer les vers sur les chênes, on dispose sur ceux-ci les jeunes rameaux d'élevage que les chenilles abandonnent d'elles-mêmes pour grimper sur les branches des arbres, puis s'installer sur les feuilles. Il faut veiller à distribuer également les vers et en proportion de la taille des chênes, de façon à éviter qu'ils ne soient pas trop nombreux sur chacun d'eux. Autrement les feuilles sont vite épuisées et il faut procéder à un nouveau transport. Quand celui-ci devient nécessaire, on se garde bien de toucher aux vers mais on coupe les branches avec des ciseaux spécialement construits pour cet usage et on procède comme il a déjà été dit. Il faut aussi avoir le soin de posséder quelques buissons de chêne comme réserve. Si on ne peut couper les branches, on se contente de les incliner les unes vers les autres en les fixant et les vers passent d'eux-mêmes d'un arbre à l'autre. Un auteur, M. J. Bertrand, prétend qu'au Kouéï-tchéou on tend des ficelles entre les arbres trop espacés pour servir de pont aux insectes, mais nous n'avons trouvé nulle part la confirmation de ce fait qui nous paraît être une invention du Chinois qui a fourni l'information. Nous doutons fort que le P. Julien Bertrand l'ait vu de ses yeux. M. Balabio, qui a décrit, dans les journaux de Chang-haï, l'élevage des vers du chêne au Chantoung, dit que, quand on ne peut employer aucun des moyens ci-dessus, on peut saisir les vers entre le pouce et l'index par le dernier anneau sans trop presser et les détacher en même temps par un mouvement rapide. Si l'on hésite, les vers se fixent si solidement aux rameaux qu'ils se laisseront plutôt déchirer en morceaux que de lâcher prise. Le proverbe chinois dit : « Arrachez-les avec la rapidité du tigre et posez-les avec le soin du rat. »

Pendant que les vers sont sur les arbres, on doit tenir le sol au-dessous aussi propre que possible. On arrache donc toutes les mauvaises herbes ou épines qui poussent dans la plantation. Ceci a pour but d'empêcher les vers tombant des arbres de se perdre ou de manger d'autres feuilles. On peut laisser l'herbe fine qui amortit la chute et empêche les chenilles de périr brûlées par le contact avec la terre ou les pierres très fortement chauffées par le soleil. Il ne faut point non plus cultiver d'autres arbres dans le taillis de chênes, certains, tels que l'arbre à huile *Toung-yeou-chou*, *Oleococca dryandra* et le peuplier blanc *(Pe-yang, Populus alba)*, empoisonnent les vers. Seul le *Feng* (*Acer* au Chan-toung, *Liquidambar* au Kouéï-tchéou) peut être toléré, ses feuilles pouvant servir de nourriture aux vers sans inconvénient.

Certains auteurs recommandent le moyen suivant pour transporter les vers sur les arbres. On se rend de bon matin à la plantation, on étend des nattes sous les chênes, on dépose dessus et tout contre le tronc, les paniers renfermant les vers, qui montent d'eux-mêmes sur les arbres. On facilite le passage en plaçant quelques rameaux frais, à feuilles tendres, à l'entrée des paniers. Ce moyen serait surtout employé au Kouéï-tchéou où, s'il faut en croire l'abbé J. Bertrand, on porte les vers sur les chênes sitôt après leur naissance. Ces chênes, paraît-il, ne demandent aucune culture particulière ; ils poussent à l'état naturel et on en connaît deux espèces : le *Tsing-kang (Q. chinensis)* et le *Fou-li (Q. serrata)*. Ils sont si pareils qu'il faut les examiner de très près pour les distinguer. On prend seulement soin de les couper tous les 8 ou 9 ans au ras du sol, de façon à ne former que de simples bouquets d'arbres peu élevés.

C'est vers la fin de mars ou au commencement d'avril que l'on transporte les vers sur ces arbres qui, dans les hautes montagnes du Kouéï-tchéou, commencent seulement alors à développer leurs feuilles. « On « laisse ensuite les chenilles jour et nuit sur les arbres, qu'il pleuve ou « qu'il vente. Il est inutile de les veiller pendant la nuit, mais on est de « garde le jour pour effrayer les oiseaux et transporter les vers d'un arbre « sur l'autre ou pour ramasser ceux que le vent a jetés à terre ou ceux « qui s'y sont laissés choir. Les vers changent quatre fois de couleur. « D'abord ils sont noirs, puis violets, quelques temps après jaunes et « enfin d'un violet foncé. Il faut 40 à 50 jours pour qu'ils arrivent à ce « dernier état. Ils sont alors de la grosseur du petit doigt d'un homme. « Ils montrent un instinct tout particulier pour se protéger contre le « mauvais temps. Quand il pleut, ils passent à la surface inférieure d'une « feuille[1], et quand les vents froids dominent, ils se mettent à l'abri du « côté de la feuille le moins exposé. Vers la fin de mars 1840, je me « trouvais dans une communauté de chrétiens où l'on élevait ces vers en « grand nombre. Le 28 mars, les vers nouvellement éclos étaient sur les « arbres, le 30, il tomba de la neige, et les trois jours qui suivirent le « froid fut si perçant que, même dans les maisons, il était impossible de « s'écarter du feu. Je dis à mes chrétiens : Tous vos vers vont certai- « nement mourir par ce temps. Oh non, répondirent-ils, ils seront seu- « lement un peu engourdis par le froid, mais ils ne mourront pas. Ils ne « moururent pas en effet, car me trouvant à passer le 3 avril à l'endroit « où les vers étaient sur les arbres, je les vis mangeant avec appétit[2] ». Nous avons tenu à citer in-extenso la lettre de ce missionnaire, parce qu'elle établit bien nettement la rusticité des vers, même peu de temps après leur éclosion. Elle ne cadre pas avec nos observations ou avec les

1. Un auteur chinois dit même qu'ils boivent la rosée avec avidité.
2. *Education des vers à soie du chêne au Kouéï-tchéou.* Lettre du P. Julien Bertrand, 19 juillet 1842, ANNALES FORESTIÈRES, traduite par F. H. Hance dans son *Supplementary notes on Chinese Silkworm-oaks.* JOURNAL OF THE LINNEAN SOCIETY OF LONDON. *Botany,* vol. XIII, n° 65, p. 10-11.

dires des Chinois au Chan-toung, pour ce qui concerne les couleurs successives des vers.

Les auteurs chinois disent qu'il faut veiller les vers jour et nuit pour les préserver des attaques des oiseaux, et la caille en est, paraît-il, très friande, ainsi que le corbeau et le moineau de montagne *(Passer montanus)*, qui remplace là-bas notre vulgaire friquet.

On compte en tout neuf espèces d'oiseaux à redouter pour les vers. Les insectes, entre autres les mille-pieds *(Scolopendra morsitans, Cermatia nobilis)*, les criquets, le *pi-pa(?)*, leur font aussi la guerre. Les guêpes, taons et certains diptères *(Pimpla)*, etc., les détruisent également. Il est probable que l'Oudji du Japon *(Udschymia sericaria)* existe aussi au Chan-toung comme au Ching-king. La nuit, ils sont mangés par les chauves-souris.

Des enfants sont chargés de la garde des vers et d'effrayer les oiseaux, en frappant sur un bambou de veilleur de nuit. On dispose aussi sur les arbres des pièges ingénieux, fonctionnant d'eux-mêmes, ou au moyen d'une ficelle tirée par le gardien. Le texte chinois dit encore que les crapauds et les serpents dévorent les vers ; les sangliers, en secouant ou coupant les arbres, les jettent à terre.

Le nombre des mues varie, il est tantôt de quatre, tantôt de cinq, mais il ne dépasse jamais neuf pour le total des deux éducations. Après chaque mue, le ver prend un nom nouveau *(T'ouo, Shen, Tchi* et *Tsan)*. On compte environ 60 jours entre la naissance et le tissage du cocon, 40 à 50 seulement suivant le P. J. Bertrand. A ce moment, la chenille mesure 3 pouces ou un peu plus (10 à 11 centimètres) de longueur et prend le nom de *Tchouang piao* (le gros ventru).

Maladie des vers. — Comme on doit s'y attendre, les vers à soie sauvages ou semi-domestiques sont sujets à beaucoup moins de maladies que les vers entièrement élevés en captivité. L'on compte actuellement quinze maladies pour nos vers du mûrier, dont la Pébrine, la Flacherie, la Muscardine et la Grasserie, sont les plus connues. Les Chinois en énumèrent sept pour les vers du chêne, et voici comment ils les décrivent. Le *Houang-ping*, ou maladie jaune, vient d'un excès de chaleur ; mais ils ne savent au juste à quoi attribuer celle qui fait devenir les chenilles de couleur rouge. Entre la troisième et la quatrième mue, elles se couvrent quelquefois de petites taches noires affectant la forme de zébrures, d'où le nom de *Lao-hou-tsan,* vers vieux tigre, qu'on donne aux chenilles ainsi affectées. Elles meurent sur la feuille. C'est là sans doute une sorte de flacherie. Dans la maladie *Yi*, elles meurent suspendues à l'extrémité d'un court fil de soie. La maladie *Pan* consiste en une multitude de points noirs; elle tue rapidement. Le *Pan* vient, d'après les croyances populaires, de ce que les cocons ont été trop chauffés, tandis que le *Yi* vient de ce qu'ils ont subi un trop grand froid, ou ont été trop pressés dans les paniers au moment du transport. Si la température vient à changer brusquement, du froid au chaud, ou inversement, au troisième âge, les vers se couvrent de sortes de poils soyeux, qui ne sont sans doute qu'une mucedinée, mais que les Chinois croient être la matière de la soie exsudant à travers les pores de la peau. Cette maladie, qu'ils appellent en conséquence *Fei se*, soie volante, détruit les chenilles en un ou deux jours. Quand elles sont mises, après la seconde mue, sur des feuilles trop tendres ou mouillées, elles contractent une sorte de dysenterie mortelle. Le rapport de M. Kleinwächter dit qu'elles craignent en effet une pluie continue; or, nous avons vu qu'au Kouéï-tchéou il n'en est rien. Les vers du chêne n'ont pas cet inconvénient à craindre au Chan-toung, où il se passe quelquefois de neuf à dix mois sans une goutte de pluie. D'après M. A. Man, l'Oudji (*Ujimja japonica* ou *Udschymia sericaria*) existerait au Ching-king, quoique rare.

Vers de bon augure. — Sous ce titre curieux, les auteurs chinois parlent de certaines particularités affectant quelquefois les chenilles et auxquelles ils attribuent une bonne influence sur la récolte. On sait que le vert est la couleur normale de la larve de l'*An. Pernyi* au troisième âge. Or, on voit quelquefois des chenilles colorées d'une façon anormale, sans pour cela être malades. Certaines sont d'un vert très foncé, presque noir, d'autres sont blanchâtres ou jaunâtres. Il s'en trouve de brunes avec des poils violacés. Le cultivateur se réjouit quand il trouve des vers ainsi faits sur ses arbres. Il s'attend à une bonne récolte de cocons, d'où le nom de vers d'heureux présage qu'il leur donne. On attribue la même influence à des chenilles ayant une forme différente, par exemple à celles qui portent des cornes sur le premier anneau, etc. Il est probable que nous avons affaire ici à des cas d'albinisme ou de colorations dues à la nourriture. Il arrive, par exemple, que les chenilles ne s'attaquent plus seulement au parenchyme de la feuille mais mangent encore les nervures et le pétiole. Dans ce cas elles deviennent noires, grâce sans doute à l'action du tanin sur leur sang, et tissent une soie d'un brun noirâtre. Ce fait curieux a été mentionné pour la première fois par Al. Man, commissaire des douanes à Niou-tchouang [1]. Il est possible également que les chenilles singulières remarquées par les Chinois soient celles d'espèces particulières d'Antheræa encore peu ou point connues. Nous ne savons pas encore, par exemple, quelle est la couleur ou la forme de l'*Antheræa Hartii* de l'*An. Confucii*, et de quelques autres récemment découvertes en Chine.

Coconnage. — Après une période qui varie de 50 à 60 jours, suivant les localités et les conditions climatériques, les chenilles cessent de manger et dorment leur dernier sommeil, puis commencent à tisser leur cocon sur les feuilles mêmes des chênes. Les cocons sont complètement terminés deux ou trois jours après, et vers le 21 juin, au Chan-toung, ou du 24 mai au 20 juin au Koueï-tchéou, suivant que la récolte s'y fait dans la plaine ou la montagne, les dernières chenilles sont en cocon et l'on peut procéder à leur récolte. Ce travail est généralement dévolu aux femmes et aux enfants. Les cocons ayant été exposés quelque temps au soleil pour les sécher complètement avec les feuilles qui les couvrent en partie, ils sont mis dans des paniers et transportés à domicile ou vendus aux marchands ou aux tisseurs au prix moyen de 280 sapèques le *Catty* (1 fr. 15 les 604 grammes) à Tien-tsin.

Les cocons les plus gros et les plus lourds sont mis de côté pour l'élevage, et on les enfile en chapelet comme nous l'avons déjà vu faire pour les cocons d'automne.

1. Al. Man *Silk. Report on Niuchuang*. « Ces vers semblent constituer une race spéciale dans le voisinage de la ville de Kai-tchéou au Ching-king. »

Seconde éducation. — Les papillons sortent naturellement des cocons d'été sans qu'il soit nécessaire de les chauffer, la chaleur du soleil suffit amplement à cette époque. En effet, l'éclosion se produit de 8 à 9 jours environ après l'achèvement des cocons. Les papillons étant plus actifs et plus forts que ceux d'automne, on procède différemment pour l'accouplement et la ponte. On s'empare des femelles dès qu'elles ont séché leurs ailes et se sont purgées, on attache ensemble les ailes postérieures au moyen d'un fil de chanvre ou de soie, voire d'un brin d'herbe. Au Kouéï-tchéou, on se sert d'un brin de bourre de palmier (*Chamærops excelsa*). On fixe l'autre extrémité du fil sur la branche d'un chêne. Les mâles viennent d'eux-mêmes s'accoupler avec les femelles. On les sépare au bout de 12 à 20 heures. Ce procédé a un double avantage : la femelle ne peut plus battre continuellement des ailes inférieures, ce qui gêne la ponte, ensuite elle peut déposer ses œufs directement sur la branche de l'arbre, dont les feuilles serviront à la nourriture des jeunes vers, qui se trouvent ainsi tout transportés. Ils éclosent en général 9 jours après.

Ces vers d'automne sont aussi appelés *Yuan-tsan*, vers de retour ou de renouvellement d'éducation. Dans le *Tchéou-li*, on les considère comme moins bons que les premiers, ou de seconde qualité. Si l'on ne peut attacher les femelles directement sur les arbres, on peut procéder comme pour l'élevage humide et les attacher sur des paquets de rameaux feuillus, piqués dans l'eau ou dans la boue humide, et qu'on portera sur les arbres eux-mêmes dès que l'occasion s'offrira.

A cette époque de l'année, les insectes destructeurs étant fort abondants, on s'efforce cette fois de les empoisonner par le procédé suivant. On fait bouillir de la farine de pois ou de haricots avec de la graisse de mouton, on y ajoute un peu de sauce fermentée de *Dolichos soya* dite *soye*, et on empoisonne le tout en y mélangeant de l'arsenic en poudre. On enduit les branches des chênes avec cette pâtée dont l'odeur attire les insectes qui en mangent et sont bientôt empoisonnés. Il paraît que les vers à soie n'y touchent pas. On emploie aussi quantité d'enfants armés de ciseaux pour couper en deux les insectes que le poison aurait épargnés. Ce travail se fait la nuit à la lueur d'une lanterne.

Cette seconde éducation est terminée et les cocons sont bons à ramasser vers le milieu de septembre *(Tchiou-fen)*, soit 70 jours après l'éclosion des chenilles, ou au commencement des premiers froids *(Han-lou*, rosées froides). Cette éducation dure donc 10 jours de plus que la première.

Après avoir mis de côté les meilleurs et les plus gros pour l'éducation de l'année suivante, on procède à l'étouffage des chrysalides des cocons destinés au tissage. Il se pratique de diverses façons. Au Chan-toung, on place les cocons dans un chaudron en fer, ou, à son défaut, dans un panier d'osier dont le fond a été recouvert extérieurement d'une bonne couche de terre glaise pour le rendre incombustible. On place l'un ou l'autre, bien couverts, sur un feu de charbons ardents. Les chrysalides font entendre un bruissement assez fort qui cesse bientôt, car elles sont vite tuées par la chaleur. On peut encore les étouffer en les disposant sur des claies posées sur un *kang* fortement chauffé.

Dans les plaines du Koueï-tchéou, on ne fait qu'une éducation, celle du printemps ; une seconde ne paierait pas le tracas et le temps employé à l'élevage, grâce aux chaleurs de juillet qui seraient fatales à la majorité des vers[1].

Comme tous les cocons ne sont pas faits en même temps, on les enlève au fur et à mesure, mais on recommande de faire cette opération avec grand soin, pour éviter de déranger les vers encore en train de coconner. Autrement on les effraye et ils s'arrêtent dans leur travail. Il faut aussi, pour la même raison, attendre que les cocons soient complètement achevés. On s'en aperçoit quand, durcis par le liquide spécial dégorgé par le ver, ils résistent à une légère pression des doigts : mais il faut bien éviter de les écraser, ce qui les déprécie et peut nuire à l'éclosion. Le transport se fait dans les paniers déjà décrits.

Maladies des cocons. — Les cocons sont sujets à quelques accidents que les gens du pays appellent maladies. Voici les principales : 1° Certains cocons très gros et très épais ne se ferment point, l'extrémité reste tachée en noir et humide. Cette maladie de la chrysalide s'appelle tête huileuse

1. P. J. Bertrand, *loc. cit.*

(Yéou-téou). 2° D'autres sont bien fermés, mais présentent une extrémité molle, grasse et humide, on les appelle *Hsueh-kien*, cocons sanglants. Dans ces deux cas la chrysalide est morte, et la liqueur intérieure s'échappant tache le cocon. 3° On trouve des cocons qui restent minces et sans résistance, ils sont à demi terminés et prennent le nom de *Eul-pi-kien* (cocons à deux peaux). Il semble qu'ici les Chinois aient entrevu la construction intime du cocon, formé normalement de quatre épaisseurs ou *vestes*. Ils attribuent cet accident à une nourriture insuffisante de la chenille, et les deux premiers à son envahissement par les maladies *Pan* ou *Lao-hou* (mucédinée ou pébrine).

Etouffage des chrysalides. — Au Kouéï-tchéou suivant l'auteur du *Tchou-kien-pou*, on procède de la façon suivante à l'étouffage des chrysalides. On étend les cocons en une seule couche sur un chassis garni d'une natte ou store : on dispose sur cet appareil une seconde natte sur laquelle on étend encore de la paille de riz. Le tout est placé sur un fourneau-lit dit *kang*, que l'on chauffe modérément. Les chrysalides, en se remuant, font alors entendre un bruissement semblable à celui de la pluie. Quand ce bruit cesse, c'est qu'elles sont mortes (cela prend environ une demi-heure). On peut alors retirer les cocons et les entasser dans des paniers, au moyen desquels on les porte au marché. Un fort coolie peut en porter ainsi facilement 30,000. Si la plantation est trop éloignée des habitations, on procède sur place à l'étouffage. Voici comment on procède au Chan-toung. On empile les cocons dans un panier d'osier, dont le fond et les côtés ont été fortement enduits de terre glaise, qu'on a ensuite laissée sécher. Ce panier, ainsi transformé, est fermé et placé sur un fourneau où l'on entretient un feu clair et vif de charbon de bois. Les Chinois prétendent que la soie des cocons étouffés par le premier procédé est meilleure, à condition qu'on n'ait pas poussé le feu trop activement.

Les cocons de la première éducation ou de printemps s'appellent au Chan-toung : *Tchoun-ko-erh*, tandis que ceux d'automne prennent le nom de *Tchiou-kien*. Les premiers sont en moindre abondance que les seconds, mais ils ont plus de valeur, quoique moins fournis en soie : mais celle-ci est plus fine et plus blanche que celle des cocons de la seconde éducation. 1,000 cocons de la première récolte ne donnent pas plus de soie que 500 de la seconde. Dans le Ching-king, la première récolte est consommée sur place, la seconde seulement est exportée.

CHAPITRE V.

SOIERIES.

Nous allons maintenant étudier l'industrie des soies proprement dite, c'est-à-dire la mise en œuvre des cocons pour la confection des tissus, elle donne lieu à un certain nombre d'opérations qui ressortent plus spécialement de l'industrie, elles sont au nombre de quatre, savoir : le dévidage ou tirage, le cardage et le filage, puis enfin le tissage.

Dévidage des cocons. — Le tirage de la soie des cocons peut être fait de deux façons différentes, suivant les circonstances. Il y a en effet le tirage à l'eau et le tirage à sec. Dans les deux cas, après avoir étouffé les chrysalides, on débarrasse d'abord les cocons de leur bourre ou blaze, et on les fait bouillir pendant quelque temps dans une chaudière en fer, contenant une forte lessive, obtenue en faisant dissoudre dans l'eau une certaine quantité de carbonate de soude *(Kien)* ou de potasse. Ces alcalis viennent de la Mongolie, du Ching-king et de la partie occidentale de la province du Chan-toung, où on les obtient par le lessivage des terres, la concentration, puis la cristallisation du résidu.

A Niou-tchouang, on place environ 1,500 cocons dans la chaudière où l'on a fait dissoudre 8 onces ou 0,227 kilogrammes de soude brute *Tou-kien*. On a soin que l'eau recouvre entièrement les cocons. Lorsqu'on manque de soude ou de potasse, on peut encore employer une forte lessive de cendres de chêne, comme dans le Chan-toung oriental, ou de cendres de sarrasin comme au Koueï-tchéou. D'Incarville indiquait cette dernière manière de faire dans son mémoire sur l'élevage des vers à soie du chêne à Pe-king. Le *Tchou-kien-pou* donne le moyen d'obtenir une forte lessive. Prenez, dit-il, une bonne quantité de cendres de bois de chêne, placez-les dans un panier au-dessus d'une chaudière et versez dessus de l'eau bouillante, que vous ferez repasser à nouveau, en plusieurs fois, sur les cendres. Mais il ajoute que la potasse de *Tchin-tchéou* en Mandchourie est la meilleure. Elle vaut à Tché-fou de 60 à 70 sapèques le catty, soit 0 fr. 25 à 0 fr. 30 les 604 grammes. On peut encore se servir de cendres de paille d'orge ou de froment.

Quand les cocons ont bien bouilli dans la lessive, ils deviennent mous, le grès et la gomme étant dissous par l'alcali, ils sont plus que décreusés, on peut dire qu'ils sont désagrégés et c'est ce qui rend cette soie difficile à ouvrer sur les métiers. Il faut lui rendre artificiellement le grès qu'elle a perdu pour permettre aux fils de cocon de se coller ensemble comme ceux des vers du mûrier, et de donner un fil de soie ouvrable. Il s'agit maintenant de dévider les cocons, en tirant la soie sur le moulinet. Il y a deux méthodes, l'une appelée tirage à l'eau, l'autre tirage à sec.

Tirage à l'eau. — Ce procédé, désigné par les sériciculteurs chinois sous le nom de *Chouei-kouang*, est le suivant : On retire les cocons de la lessive et on les lave dans l'eau pure ; quand il n'y a plus trace d'alcali, on les met dans une chaudière pleine d'eau sur un fourneau allumé. Quand l'eau bout, on bat les cocons avec un petit balai, ce qui détache l'extrémité du fil. On saisit un certain nombre de ces fils, de cinq à douze, suivant le cas, et on les tire en tournant à la main un moulinet de guindrage sur lequel se forme l'écheveau. La telette reste dans la bassine et sert avec la blaze à faire de la bourre de soie.

Tirage à sec. — Le tirage à sec est la traduction exacte de l'expression chinoise *Han-kouang*, mais plus exactement un tirage humide ou à la vapeur. Après avoir bien lavé, à l'eau pure, les cocons décreusés par le bain de lessive, pour les débarrasser des dernières traces de celle-ci, on les dépose sur une table ou dans un vase et on les tire pendant qu'ils sont encore humides. On les dispose aussi quelquefois dans un panier placé au-dessus d'une chaudière d'eau bouillante et on les tire ainsi à la vapeur d'où le nom anglais de *Steam reeling* pour ce procédé. Cette façon d'opérer est surtout précieuse pour les cocons ouverts ou perforés, car dans le tirage à l'eau, celle-ci pénétrant à l'intérieur, ils tombent au fond de la bassine et le tirage devient impossible, le fil rompant, grâce à la résistance offerte ainsi par le poids du cocon. Avec ce procédé, on peut donc dévider les cocons après l'éclosion du papillon ou les cocons entièrement ouverts comme ceux du *Philosamia Cynthia.*

On compte quatre numéros de soie tirée, savoir : n° 1 ayant 12 baves au fil; n° 2 avec 16 baves; n° 3 avec 20 à 22 baves et enfin n° 4 ayant de 22 à 24 baves.

Dans l'un et l'autre cas, on recommande de ne pas laisser refroidir les cocons avant le lavage à l'eau pure, autrement ils se collent et s'agglutinent ensemble et il faut les bouillir à nouveau pour décoller la bave. La soie une fois dévidée, on lui rend une partie de son grès en faisant tremper les flottes dans la lessive de décreusage. Malheureusement, ce procédé barbare charge la soie de soude ou de potasse, ce qui la rend très hygrométrique. Cela fait qu'elle est toujours un peu humide et grasse au toucher et rend son transport difficile par mer.

Le tirage à sec donne presque la même quantité de soie que le tirage à l'eau. Il faut en moyenne un millier de cocons pesant 10 à 12 cattis (6^k045 à 7^k254) pour obtenir 6 à 7 cattis (3^k627 à 4^k232) de soie. M. A. Man dit qu'à Niou-tchouang, il faut 4^k534 de cocons pour avoir 0^k454 de soie, ou 10 kilog. de cocons frais pour 1 kilog. de soie. D'autres, tels que M. Major ou N. Rondot, donnent des chiffres différents : 13 kilog. de cocons frais pour 1 kilog. de soie. Cela tient à la qualité des cocons, ainsi qu'à leur état variable de siccité. Au Laboratoire des soies de Lyon, des expériences précises faites sur des cocons parfaitement secs ont donné les résultats suivants : 1^k814 de cocons a donné 0^k454 de soie dévidée. Nous avions trouvé au Chan-toung qu'il fallait 13 kilog. de beaux cocons frais de *Wen-teng-hien* pour fournir 1 kilog. de soie. En général aussi, la bave de l'*An. Pernyi* élevé en France est plus fine et plus longue que celle des cocons produits en Chine, ces derniers donnent en moyenne

500 mètres de bave dévidable, tandis qu'en Chine on a obtenu de 520 à 550 mètres par cocon.

En Espagne, dans la province de Guipuzcoa, M. Perez de Nueros a obtenu d'un cocon de *Pernyi* qu'il avait élevé et qui pesait 12 grammes, la remarquable longueur de 1240 mètres. Ceci prouve à quel point on pourrait perfectionner la race, par une série d'éducations poursuivies scientifiquement, sur le principe de la sélection. Les pauvres et naïfs sériciculteurs du Chan-toung ne produisent guère en effet de cocons pesant plus de 7^{gr},254 ils valent sur place à Niou-tchouang 1 fr.25 le mille pour ceux du printemps ou de la première récolte, et de 3 fr. 13 à 4 fr. 30 le mille pour ceux d'automne ou de la deuxième récolte. La soie grège tirée valait en 1885 de 11 fr. 50 à 13 fr. 50 le kilogramme suivant les qualités, d'après M. N. Rondot.

Il s'est fondé en 1876 à Tché-fou, grâce à l'entreprise d'une maison allemande de cette ville, MM. Crasemann et Hagen, une filature montée à l'Européenne sous le nom de *The Chefoo Filanda*. On y a employé pour le dévidage des cocons à la bassine ou à la vapeur les procédés perfectionnés en usage dans nos filatures de soie. On y a même tissé pendant quelques temps des Pongées fort beaux, les ouvriers allemands ayant appris aux Chinois à relever cette soie en y introduisant des dessins ou damas divers du plus charmant effet. Ces essais ont malheureusement échoué devant la mauvaise volonté des courtiers indigènes qui, craignant la concurrence étrangère, refusaient de procurer à l'usine les cocons nécessaires. On abandonna tout d'abord le tissage, puis l'usine passa aux mains d'une compagnie chinoise. On transforma le matériel du dévidage à vapeur pour l'adapter au travail manuel et l'on peut voir aujourd'hui des coolies chinois tournant à la main les dévidoirs au moyen de manivelles adaptées aux volants et poulies, en place des courroies de la transmission à vapeur. On avait cependant conservé le guindrage étranger et les flottes de soie grège de cette usine commandaient des prix supérieurs en Europe, grâce au soin avec lequel elles sont ouvrées[1]. Aujourd'hui on n'y

7. En août 1885 les soies Tussah de la filature de Tché-fou valaient

file plus que les soies jaunes du ver du mûrier, que le Chan-toung produit en abondance et qui sont de la meilleure qualité.

Mais revenons aux procédés indigènes. La soie étant vendue au poids, les Chantonnais peu scrupuleux la surchargent souvent, au moment même du filage, en la saupoudrant de poussière jaune qui s'attache solidement au brin encore humide et sortant du bain, où ils ont remis la soie pour lui rendre en partie son grès, comme nous l'avons expliqué. Au Kouéï-tchéou, on charge ainsi la soie avec du sucre brun ou de l'huile. On s'aperçoit facilement de la fraude en mettant les soies tussah de Chine dans un bain alcalin où elles perdent leur couleur foncée et laissent un épais dépôt. On peut ainsi diminuer leur poids dans des proportions qui atteignent quelquefois jusqu'à 40 0/0.

Filage des cocons. — Le dévidage ne s'applique qu'aux cocons entiers et de première qualité. Pour les cocons percés, tachés, ou les cocons vides, qui ont servi à l'élevage, on se contente de les filer après les avoir fortement décreusés dans un bain de soude ou de potasse, et en avoir extrait les débris de la chrysalide, au moyen d'un crochet, ou simplement en coupant les deux bouts comme l'indique le P. d'Incarville. On les lave ensuite dans l'eau pure puis on les file à la main ou au rouet. Dans le premier cas, on prend les cocons encore humides, on les retourne comme un doigt de gant et on en coiffe une douzaine les uns sur les autres, à l'extrémité d'un petit bâton, en général une baguette à manger, qui sert de quenouille minuscule. Un clou en fer recourbé en crochet, et chargé au gros bout de quelques sapèques enfilées, remplacera le fuseau. Un tube de bambou, fendu en deux et appliqué par une ligature sur le corps du clou, forme une bobine sur laquelle s'enroule le fil, au fur et à mesure qu'on le forme avec les doigts. Pendant l'hiver, c'est l'occupation favorite des hommes aussi bien que des femmes. On peut encore filer les cocons au moyen du rouet, et les Chinois y sont tellement adroits qu'ils arrivent, en tournant la roue au pied, à filer trois fils à la fois et d'une main. Le

30 fr. le kilo au lieu des 11 fr. 50 à 13 fr. 50 le kilo que coûtaient les soies de tirage indigène.

procédé au fuseau s'appelle *Nien* et la soie produite, *Nien-hsien*, tandis que le rouet porte le nom de Fang-tche et la soie *Fang-hsien*.

Les déchets de soie, blaze et telette, ne sont pas filés, mais simplement cardés. Ils servent à ouater les vêtements et les couvertures. On les exporte aussi en grande quantité en France et en Angleterre où ils sont utilisés pour la fabrique des soieries de bas prix, entre autres, une sorte de peluche imitant fort bien la peau de loutre ou de veau marin, et des couvertures de voitures. Par sa douceur et son moelleux, la soie du chêne se prête admirablement à cette imitation des fourrures.

Nous avions cru pouvoir affirmer dans notre premier travail sur le ver à soie du Chan-toung en 1874, que le mot Pongée, Pongi ou Pongie, de l'anglais Pongee, était d'origine chinoise et provenait du nom même du rouet *Feng-tche*, en cantonnais *Pung-tchi*. Notre ami, le Dr Bretschneider, nous a fait remarquer que le mot est probablement d'origine indienne. Il a trouvé en effet dans *Index to the native... names of Indian... plants*, par Forbes Watson, que Pungie (prononcez Poundjie) dans l'Inde anglaise est le nom du *Gossypium herbaceum*, le vulgaire coton. Si l'on consulte d'autre part l'ouvrage de I. Hedde, intitulé Exposition des produits de l'industrie séricigène en Chine en 1848, on y trouve dans la liste des différents tissus de soie de Canton, le nom de Pongi appliqué à des foulards de soie écrue ou teints, désignés en chinois par les noms de *Pou-yououen-tchéou* et qui, d'après la description, sont en soie du mûrier et en provenance de Chang-haï, où l'on vend sous le nom de « Sou-tcheou pongee » un excellent tissu très blanc, fait de la soie du mûrier. D'après M. Bretschneider, Pongee est un nom général qui ne s'applique pas exclusivement aux soies du chêne [1]. Ces explications ne nous ayant pas semblé absolument probantes, nous avons continué nos recherches sur l'origine du mot Pongée. Un savant sinologue anglais, Herbert A. Giles, vice-consul de sa Majesté britannique à Chang-haï, dans un livre utile publié en 1886, sur les divers sujets

1. Dr E. Bretschneider, lettres à l'auteur en date de Pe-king 2 décembre 1877 et 13 janvier 1878.

d'information concernant l'Extrême-Orient, dit ceci : « Pongee, du chinois « mandarin *Pen-tchi*. Ces deux caractères signifiant métier propre (own « loom) et prononcés Poune-tchie, se voient communément imprimés « sur toutes sortes de pièces de soie, et précédés du nom de la maison de « commerce, qui garantit ainsi que l'étoffe a été tissée sur ses propres mé- « tiers... Nous ne pouvons accepter l'origine donnée comme probable « par A. Fauvel dans la *China Review*... [1] »

Un autre sinologue non moins savant, ancien consul de Hollande à Amoy et aujourd'hui professeur de chinois à l'Université de Leyde, le Dr Schlegel, qui a édité, en 1890, un dictionnaire hollandais-chinois du dialecte d'Amoy, nous a affirmé dernièrement (juin 1893) que Pongee peut fort bien n'être qu'une corruption due aux portugais du mot *Peng-tche*, en cantonnais *Pong-tchao*, et que notre explication lui paraît exacte. On voit que les meilleures autorités diffèrent. Nous devons cependant avouer que la théorie d'H. Giles nous paraît la meilleure et probablement la seule vraie.

Mais revenons à l'industrie de la soie du chêne. En Mandchourie, le tirage de cette soie est la spécialité d'une classe d'hommes, qui vont par le pays et louent leurs services pour la saison. Comme ceux du Chantoung, ils la tirent avec un guindrage trop long, aussi est-elle toujours redévidée en Europe avant sa mise en œuvre. Quelques personnes ont prétendu que les Chinois connaissaient un procédé pour blanchir la soie du chêne. Ce n'est pas tout à fait exact, car, bien qu'ils emploient la combustion du soufre pour cela, ils ne sont arrivés ainsi qu'à brûler la soie qui n'offre plus aucune solidité. Ils ont aussi essayé de la tremper dans de la chaux ou du vinaigre, mais le résultat s'est montré également désastreux.

Les chrysalides extraites des cocons dévidés se vendent dans les rues au prix de 10 centimes la livre (604 grammes). Elles servent à la nourriture

1. H. Giles, *A Glossary of reference on Subjects connected with the Far East*. Hongkong, 2e édition, 1886, in-8.

des pauvres. Dans les pays riches du Chan-toung, on les donne aux animaux domestiques, chiens, porcs ou volailles.

Tissage. — On prépare la chaîne en tendant sur des bancs le nombre voulu de fils de soie tirée ou filée, suivant la qualité du tissu que l'on veut produire. Après avoir chargé ces fils d'un apprêt fait avec de la farine de pois bouillie dans de l'eau et laissé sécher le tout, on l'enroule sur un cylindre de bois qu'on adapte au métier, extrêmement primitif, et dont les peignes ont 13 dents au centimètre. Disons ici que les Chinois ne jugent pas de la valeur du tissu, par le nombre de fils au centimètre carré, mais bien par le poids de la pièce. Or, celui-ci dépend surtout de la grosseur des fils, et par suite du nombre de baves de cocon dont ils sont formés.

Les dimensions des pièces de pongée varient suivant les lieux. Voici la liste des principales variétés de tissus avec leurs noms, dimensions, poids et valeurs, tels qu'ils sont donnés dans les rapports sur cette industrie publiés par ordre de l'Inspecteur général des douanes en 1885. Le nom général des pongées au Chan-toung est *kien-tchéou.*

Pongées de Niou-tchouang au Chin-King.

1°	Pongée écru, soie tirée, 18m 22 × 0m 52.	Valeur.	21 fr.	25
2°	—	d'automne filée, 18m × 0m 49.	—	12	50
3°	—	du printemps teinte, 16m 22 × 0m 48.	—	27	50

Dans cette même province on trouvait les valeurs suivantes :

Cocons du printemps.	1 fr. 25 le mille.
— d'automne.	3 fr. 15 à 4 fr. 38 le mille.
Soie grège du printemps tirée.	1 fr. 25 les 38 grammes.
— d'automne.	? ?
— du printemps filée.	5 fr. 62 à 6 fr. 25 les 604 grammes.

Si nous passons à la province du Chan-toung, nous trouvons dans le rapport de M. G. Hughes sur Tché-fou, les renseignements suivants :

PROVENANCE	DIMENSIONS	VALEUR PAR PICUL (60 kil. 450)	COULEUR	QUALITÉ	EMPLOI
Pongées de Tchang-yi-hien.	18m30 × 0m50	1.500 fr.	Écru	1re	Exporté
		940	—	2e	Sur place
		550	—	3e	—
		1.550	Rouge cerise foncé		—
		1.550	Rouge clair		—
		1.550	Bleu		—
		1.550	Gris foncé		—
		1.550	Gris clair		—
		1.125	Noir		—
de Ning-haï-tchéou.	16m22 × 0m48	825	Écru		—
		890	Gris		—
		890	Cerise		—
de Tsi-hsia-hien.	17m90 × 0m46	800	Écru		—
de Tché-fou.		2.400	—		Exporté

La production annuelle était, en 1881, au Chan-toung, de 7,125 piculs, soit 430,706 kilogrammes de soie du chêne, dont 65,467 kilog. furent exportés sous formes de pongées [1].

Ces pongées étaient le produit de 1,700 métiers indigènes et des 200 métiers européens de la Cie Filanda, ainsi répartis :

Tchang-yi-hien	950	métiers fournissant les plus beaux pongées.
Ning-haï-tchéou. . . .	500	— — la qualité inférieure.
Tsi-hsia-hien.	100	— — — moyenne.
Tché-fou.	150	— — — d'exportation.
— Filanda Cie. . .	200	— — les pongées figurés exportés.
Total. . . .	1900	métiers.

1. Les statistiques des douanes chinoises donnent les chiffres suivants pour les exportations du port de Tché-fou en 1892.

		Sur pays étrangers.	Sur Hong-Kong.	Sur ports chinois.	Total.	
1892	Pongées . . .	68.76 Piculs.	298.73 Piculs.	2.999 Piculs.	3.366 Piculs. Valant :	91.406 Taëls.
	Soie sauvage.		36.11 —	2.792 —	2.828 —	— 180.786 —

En 1892 le taël de douane ou Haï-Kouan valait 5 fr. 49, en 1893 il valait 4 fr. 97.

La majorité des pongées exportés sur les marchés européens sont des soies de qualité moyenne mesurant 20 mètres de longueur sur 0^m50 de largeur et pesant en moyenne 2 catties ou 1 kilog. 209 grammes. Leur valeur marchande à Tché-fou est de 3 à 5 dollars (15 à 25 fr.) environ. Nous avons vu cependant en 1875 des pièces faites sur commande pesant 54 à 60 taëls et qui furent payées 60 fr. la pièce, tandis que les plus riches pongées ne dépassent pas d'ordinaire la valeur de 40 fr. La plus grande exportation de ces étoffes eut lieu en 1880, et se monta à 43,000 pièces. Les principales maisons d'exportation sont au nombre de trois à Tché-fou, et portent les noms de *Houang-choune, Shoune-young, Tan-wei.* Ce sont elles qui représentent les producteurs de l'intérieur et vendent aux maisons anglaises ou allemandes. Les pongées arrivent de l'intérieur à dos de mulets ou dans des charettes, roulés par paquets de 38 kilogrammes renfermés dans du papier coréen rendu imperméable par un trempage dans de l'huile bouillie d'*Oleococca*. Ce papier est aussi employé pour doubler les solides caisses en bois de pin (*Pinus massoniana*) dans lesquelles on les exporte en France et en Angleterre, chaque caisse renferme de 100 à 120 pièces.

La grande majorité des pongées sont employés à l'état écru, on n'exporte pas de pièces teintes. Les couleurs les plus employées sont le noir, le gris, le bleu indigo, le rouge foncé, le rouge cerise, mais on en trouve aussi de jaune de terre. Les qualités très communes sont teintes en brun cachou au moyen de l'écorce de palétuvier qu'on importe en quantité pour le tannage des voiles des jongues et des filets de pêche. En général, la teinture est appliquée aux pièces dont la couleur écrue est rendue défectueuse par l'emploi de fils plus ou moins bruns, plus ou moins tachés. Le fret des caisses était, en 1880, de 2 taëls, soit 14 fr. de Tché-fou à Chang-haï. De ce port en Europe elles paient 91 fr. le mètre cube.

Les droits d'exportation à payer à la douane sont taxés à raison de 4,50 taël *Haï-kouan* par Picul (27 fr. les 60 kilog 450 au change de 6 fr. le taël).

La main-d'œuvre est fort bon marché. Au Chan-toung, on paye les tisserands à raison de 300 à 350 sapèques par jour, soit environ 1 fr. 40

ou 1 fr. 45 par jour. Un bon ouvrier peut tisser une pièce en deux jours, les autres y mettent cinq à six jours. Or, un homme peut vivre facilement en ne dépensant que 0 fr. 50 par jour. Chaque pièce porte, imprimé en rouge, à l'extrémité, le nom du fabricant et le poids, ce dernier exprimé en onces chinoises (1 once ou taël = 379 grammes) et marqué en caractères spéciaux dits *Ma-tze* ou chiffres marchands. Le prix de vente étant toujours calculé sur le poids des pièces, les dimensions de celles-ci ne variant pas. Ainsi qu'on a pu le voir plus haut, les pièces les plus estimées sont celles qui proviennent des cocons du printemps dont la soie est beaucoup moins foncée que celle des cocons d'automne. L'exportation des pongées a subi de nombreuses fluctuations dues à ce que ces soies ont été plus ou moins à la mode. Le marché européen en avait été tellement bondé en 1882 qu'on pouvait en acheter à Paris, à Londres et à Édimbourg, à meilleur marché qu'à Tché-fou. La mode réglait les prix.

Il n'en est pas de même des soies grèges et des déchets de soie ou même des cocons. Comme on a découvert des procédés pratiques pour leur utilisation dans l'industrie, leur exportation s'accroît chaque jour et les provinces du nord pourraient en produire beaucoup plus encore si le besoin s'en faisait sentir[1]. Les cocons expédiés à Chang-haï y sont mis en balles, soumises à une pression énergique sous des presses hydrauliques, de façon à rendre leur volume minimum. Ces cocons se paient suivant les années, de 4 à 7 *maces* d'argent (2 fr. 40 à 4 fr. 20) les 1,500 à Niou-tchouang.

D'après les rapports des commissaires des douanes des différents ports cités par M. N. Rondot, on récoltait en Chine, en 1885, le joli chiffre de

1. D'après M. Th. T. Meadows une seule vallée des environs de Niou-tchouang produit 12,000 pieds cubes de cocons et pourrait en donner quatre fois plus en étendant les plantations de chênes qui n'occupent que le quart du terrain disponible. D'après M. le Consul anglais W. Lay, le Chan-toung, qui produit 6 millions de kilos de cocons frais, pourrait aisément en donner 9,800,000, ce qui donnerait 700,000 kilos de soie ouvrée.

22 millions de kilog. de cocons frais du ver du chêne, répartis comme il suit :

Province du	1. Ching-king (Mandchourie),	villes de Fou-tchéou ; Sieou-Yen ; Kaï-tchéou ; Haï-tching	4.620.000 kil.
—	2. Tchi-li.	Villes de Yang-ping-fou ; Ping-tchouen-tchéou ; Tching-te-fou	690.000
—	3. Chan-si.	— Lou-ngan-fou ; Tsé-tchéou-fou	380.000
—	4. Chen-si[1].	— Ning-kiang-tchéou	30.000
—	5. Chan-toung.	— Laï-tchéou-fou ; Teng-tchéou-fou ; Tsing-tchéou fou ; Tsi-nan-fou ; Ning-haï-tchéou ; Tchang-yi-hsien ; Meng-yin-hsien ; Yen-tchéou-fou	6.620.000
—	6. Ho-nan.	— Jou-tchéou-fou ; Nan-yang-fou ; Lou-chan	2.750.000
—	7. Kiang-sou.	— Tching-kiang-fou ; Kiang-ning-fou ; Yang-tchéou-fou	78.000
—	8. Ngan-hoeï		10.000
—	9. Se-tchouan.	Villes de Tchong-king-fou ; Lou-tchéou	4.620.000
—	10. Kouéï-tchéou[2]	— Tsun-yi-fou ; Ping-yonc-tchéou ; Ssc-nan-fou	2.150.000
—	11. Hou-nan.	— Young-chun-fou	52.000
		Total	22.000.000 kil.

Cette production paraît exagérée à M. N. Rondot, bien qu'en l'établissant il soit resté au-dessous des déclarations reçues des commissaires des douanes. Il remarque cependant qu'au Kouéï-tchéou la production est telle que la soie du chêne se trouve être aussi bon marché que le coton. S'il faut en croire le rapport de M. E. Farago, commissaire des douanes à *I-tchang*, la soie des vers du chêne du Kouéï-tchéou serait beaucoup plus estimée que celle du Chan-toung.

Si l'on compare la production de la soie du chêne en Chine avec celle

1. Introduits sous le règne de Kang-hi par Lieou Ki-koung du Chan-toung.
2. Introduits en 1744 par Tcheng Sing-an du Chan-toung. Les œufs y sont importés chaque année de cette dernière province. D'après M. E. Farago la soie du ver du chêne du Kouéï-tchéou est plus estimée que celle du Chan-toung.

des vers sauvages du mûrier, on voit que cette dernière donne 28,300 kilogrammes seulement, ainsi répartis :

Provinces du Chan-toung.	Villes de Tching-tchéou-fou ; Wen-teng-hsien. . . .		1.000 kil.
— Kiangsou.	— Kiang-ning-fou et Nanking.	24.000	
— Tché-kiang.	— Choang-lin ; Hou-tchéou-fou, etc.	3.000	
— Kouang-toung.	— Kouang-tchéou-fou ; Tchao-tchéou-fou. . .	300	
	Total.		28.300 kil.

La soie des vers du mûrier domestiques donne. . . . . 9.800.000 kil.
représentant ensemble (vers sauvages et domestiques) 140.000.000 de kilogrammes de cocons [1].

La production des cocons du chêne représente donc le septième de celle de la production de ceux du mûrier et pourrait être facilement quadruplée si le besoin s'en faisait sentir.

La soie de l'ailante n'étant pas exportée, mais étant entièrement utilisée sur les lieux de production, on ne possède à son sujet aucunes données statistiques. Elle semble avoir perdu beaucoup de son ancienne valeur, car, d'après d'Incarville, elle était bien supérieure de son temps à celle du chêne. Aujourd'hui, ce n'est qu'avec la plus grande peine

1. Les exportations des pongées, soies sauvages « Silk raw wild » et fils à pêche, ont été les suivantes en 1893, si l'on s'en rapporte aux statistiques des douanes chinoises.

		Sur ports étrangers.			Sur ports chinois.			Total.		
		Piculs.		Taëls.	Piculs.		Taëls.	Piculs.		Taëls.
Nion-tchouang.	Pongées. . . .	10	valant	1.600	494	valant	403	15	valant	2.003
	Soie sauvage.	15	—	1.800	4.549	—	508.208	4.564	—	510.008
Tché-fou. . . .	Pongées. . . .	299	—	49.608	2.880	—	497.775	3.179	—	547.383
	Soie sauvage..	69	—	16.188	2.284	—	268.009	2.353	—	284.197
I-tchang	Pongées. . . .	»	—	»	13	—	1.192	13	—	1.192
	Soie sauvage..	»	—	»	»	—	»	»	—	»
Han-Kéou . . .	Pongées. . . .	»	—	»	104	—	29.195	104	—	29.195
Canton.	Soie sauvage..	1.567	—	134.555	»	—	»	1.567	—	134.555
Kioung-tchéou.	Soie sauvage..	210	—	21.165	»	—	»	210	—	21.165
	Fil à pêche. .	2.46	—	5.603	»	—	»	»	—	»
Pak-hoi. . . .	Fil à pêche. .	0.41	—	49	12.39	—	1.487	12.80	—	1.536

En 1893, le taël ou once d'argent de la douane, dit taël Haï-Kouan, valait 4 fr. 97.

qu'on pourrait en trouver quelques pièces sur le marché de Tché-fou. Nous n'avons jamais pu, de 1872 à 1878, y en trouver plus de quelques pièces. Quant à la fameuse soie noire produite par les vers de l'ailante, élevés sur le Zanthoxylon, et citée par d'Incarville, Williamson et nous-même, il nous a été jusqu'ici impossible de nous en procurer le moindre échantillon. M. N. Rondot n'a pas été plus heureux. Cette curiosité de la province du Chan-toung est donc encore aujourd'hui inconnue en Europe.

Nous terminerons ici ce long travail sur les Séricigènes sauvages de la Chine et leurs soies, heureux si nous avons pu intéresser quelques lecteurs en leur faisant connaître l'un des produits les plus intéressants du grand empire chinois.

Paris, 1er janvier 1895.

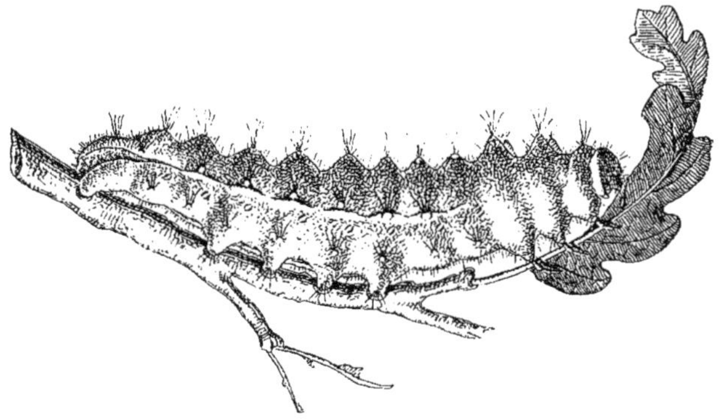

Antheræa Pernyi (larve).

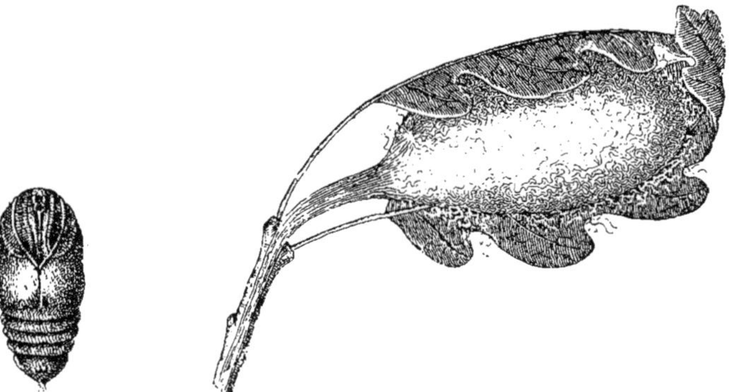

Antheræa Pernyi (cocon et chrysalide).

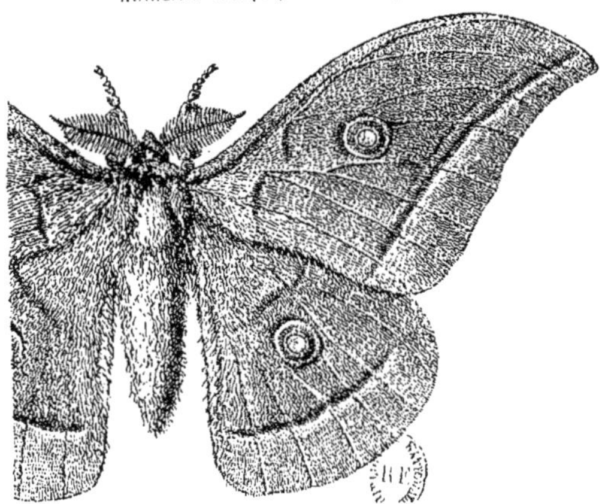

Antheræa Pernyi (femelle).

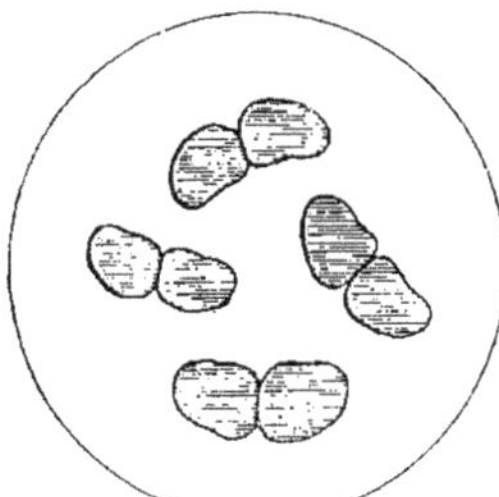

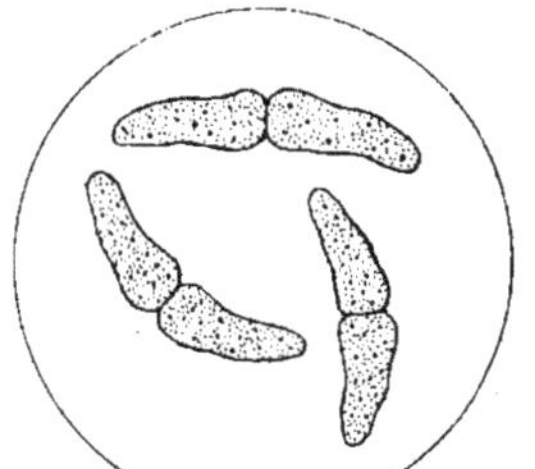

Bombyx mori. Antheræa Pernyi.

Coupe des deux brins formant la bave.

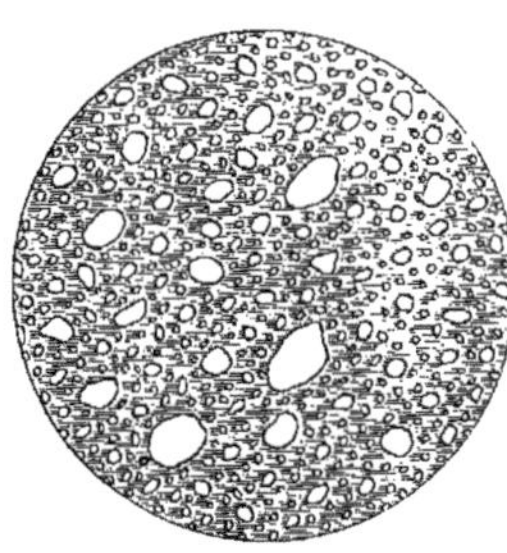

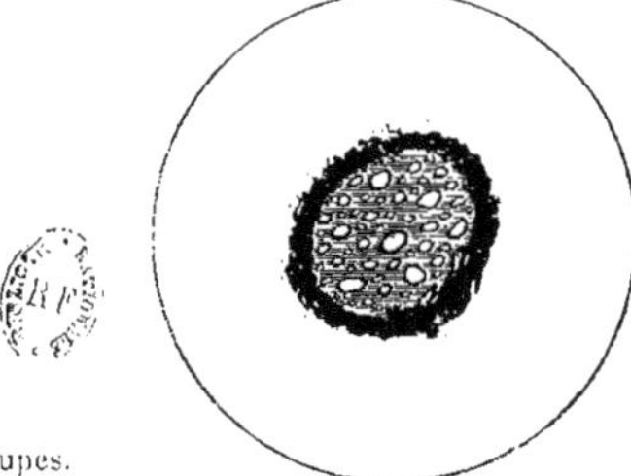

Coupes.

Antheræa Pernyi (fibroïne). Antheræa Pernyi (corpus sericeum).

Philosamia Cynthia (larve).

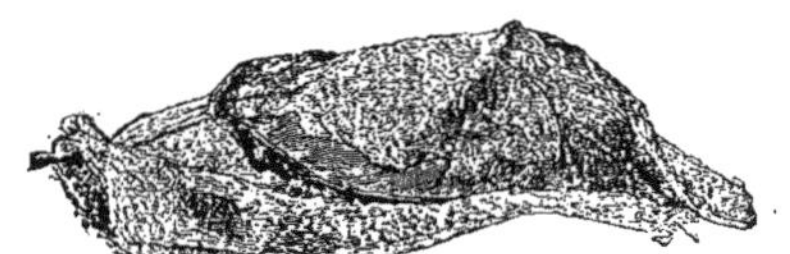

Philosamia Cynthia (cocon).

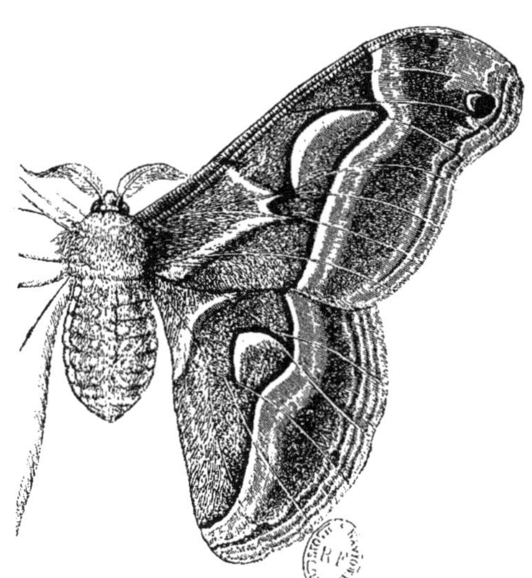

Philosamia Cynthia (femelle).

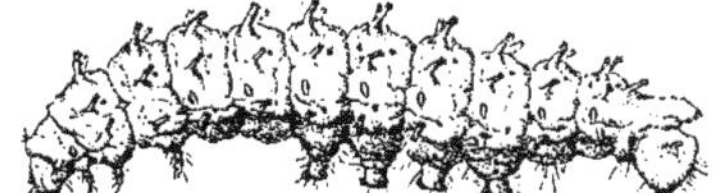

Philosamia Walkeri (larve).

Philosamia Walkeri (cocon dans la feuille).

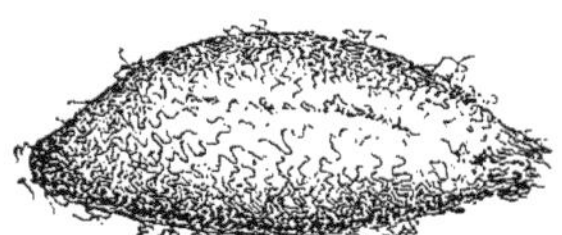

Philosamia Walkeri (cocon retiré de la feuille et chrysalide).

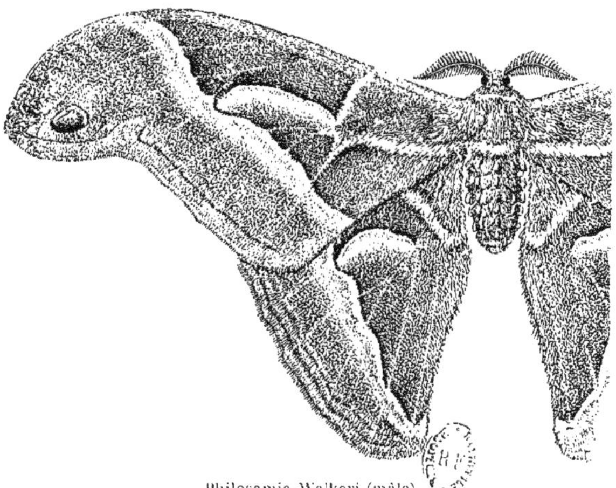

Philosamia Walkeri (mâle).

PLANCHE V.

Attacus Atlas (larve).

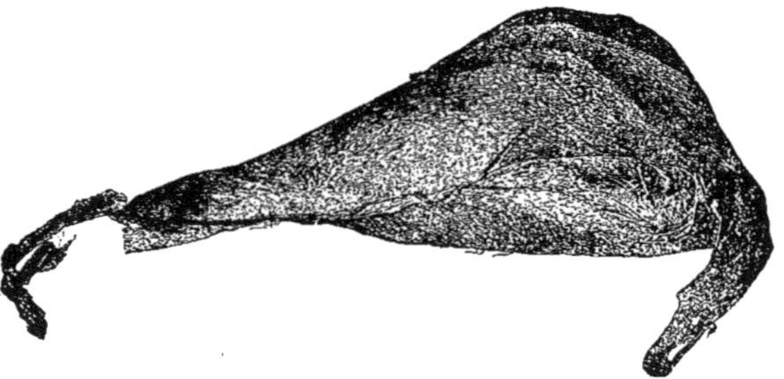

Attacus Atlas (cocon).

Philosamia Cynthia (mâle).

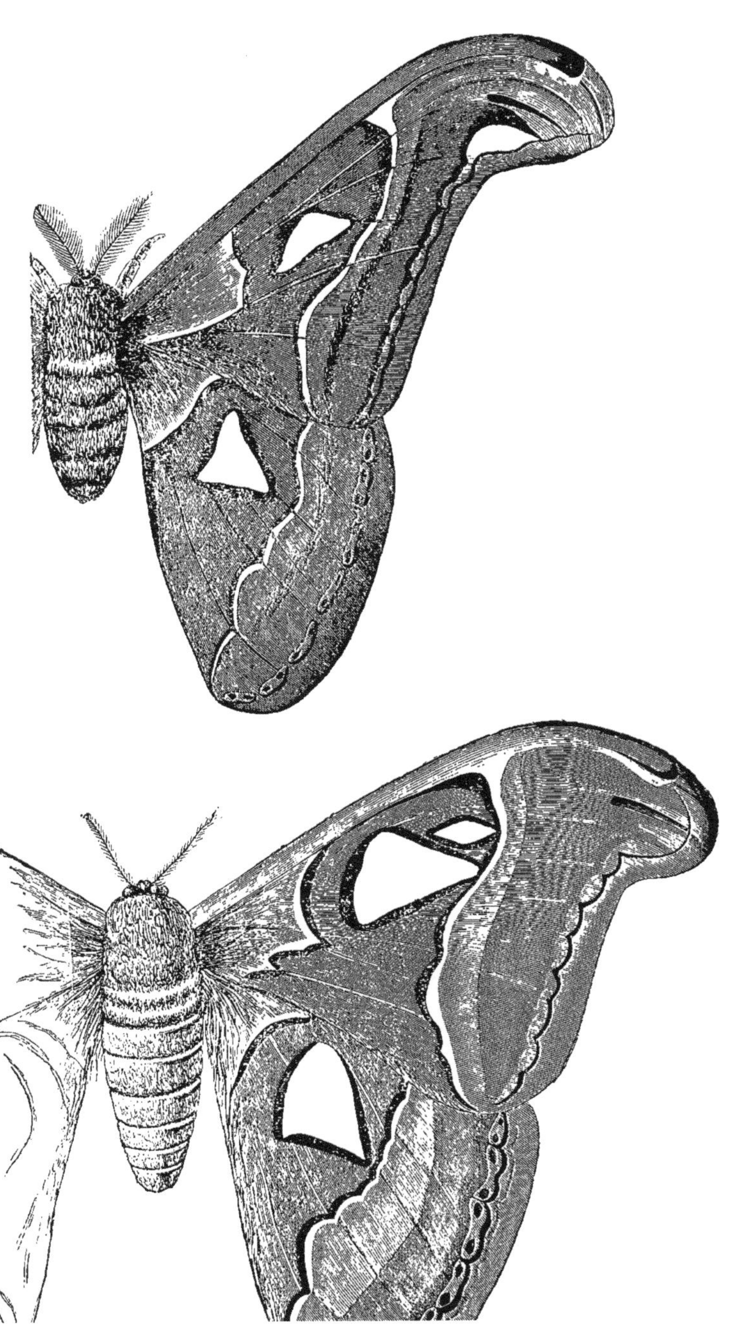

Actias selene (larve).

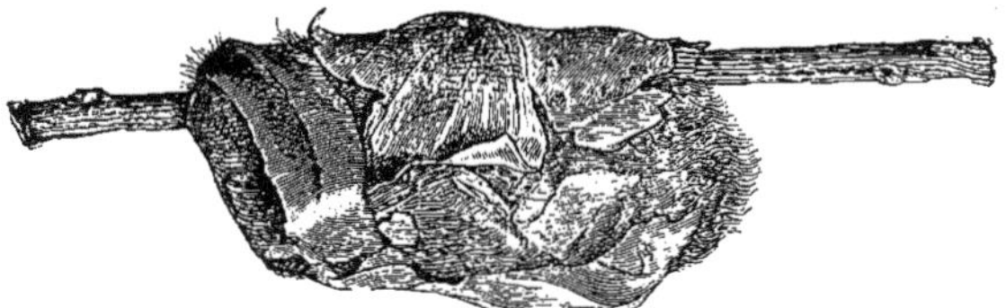

Actias selene (cocon).

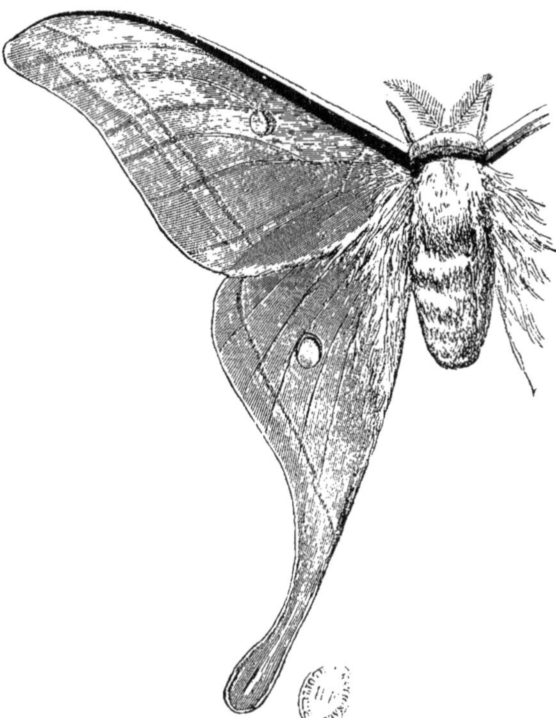

Actias selene (mâle).

PLANCHE VIII.

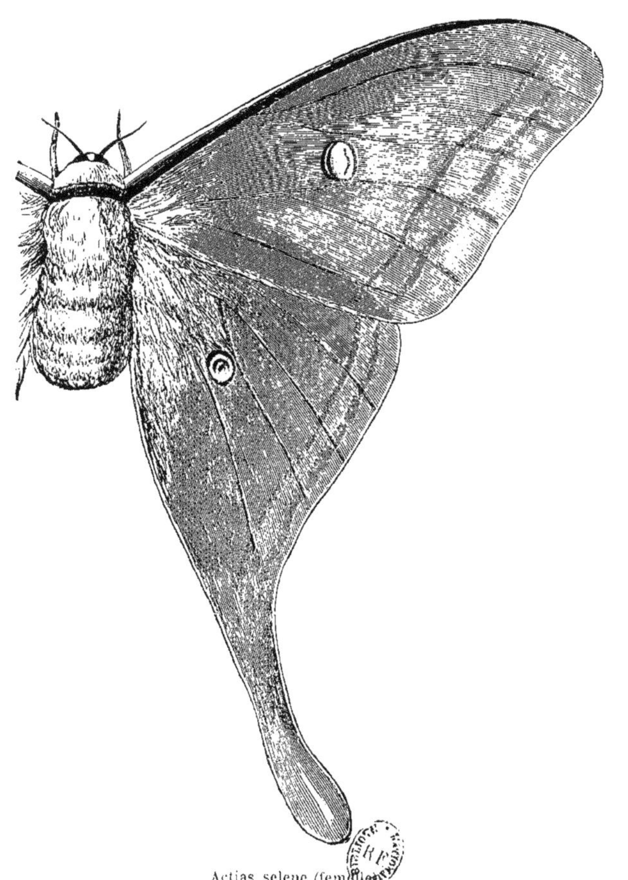

Actias selene (femelle).

Theophila Mandarina.

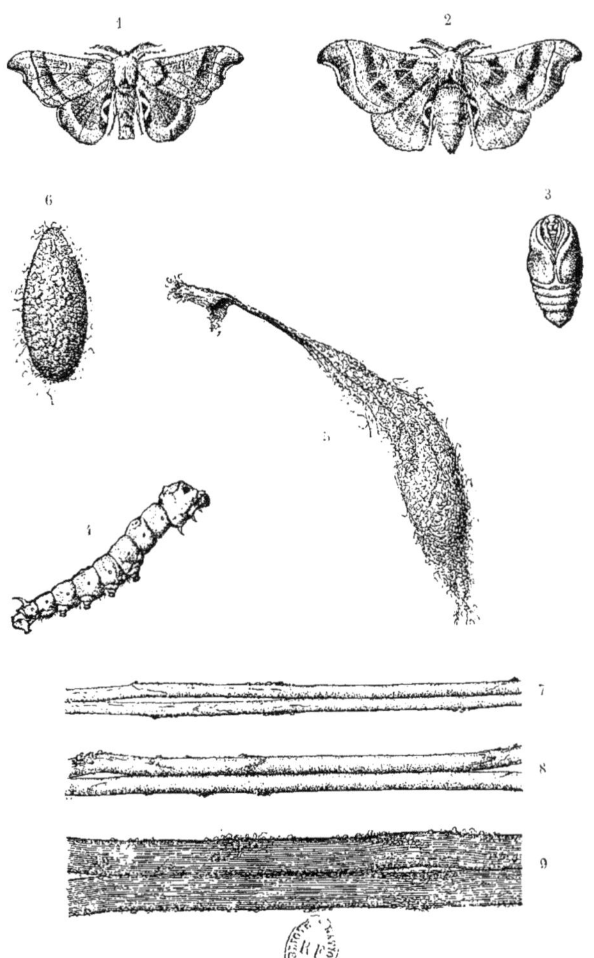

1. Papillon mâle.
2. Papillon femelle.
3. Chrysalide.
4. Chenille au quatrième âge.
5. Cocon avec ses attaches.
6. Cocon sans la bourre.
7. Bave du Theophila mandarina, diamètre 0mm02 (grossie 200 fois).
8. Bave du Bombyx mori, diamètre 0mm03 (grossie 200 fois).
9. Bave de l'Antheræa Pernyi, diamètre 0mm06 (grossie 200 fois).

Mâle. Femelle.

Rondotia menciana (papillons de la génération du printemps).

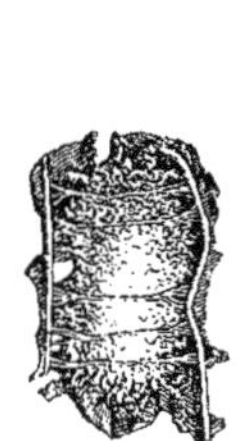
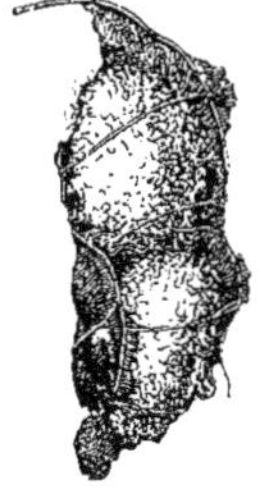

Rondotia menciana (cocons de la première récolte).

Rondotia menciana (cocons de la seconde récolte).

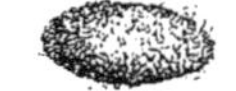

Rondotia menciana (larve, cocon et chrysalide).

TABLE.

CHARTRES. — IMPRIMERIE DURAND, RUE FULBERT.

OUVRAGES DU MÊME AUTEUR

SUR

LA CHINE ET L'EXTRÊME-ORIENT

1° CHINE.

THE PROVINCE OF SHAN-TUNG, *its geography and natural history*. Brochure in-4°, 2 col., 13 pp., avec caractères chinois dans le texte. Hong-Kong, 1875.

TRIP OF A NATURALIST TO THE CHINESE FAR-EAST. Brochure in-4°, 2 col., 19 pp., avec caractères chinois dans le texte. Hong-Kong, 1876.

THE WILD SILK-WORMS OF THE PROVINCE OF SHAN-TUNG. Brochure in-4°, 2 col., 23 pp., avec caractères chinois dans le texte. Hong-Kong, 1877.

CARTE DE LA PROVINCE DU SHAN-TUNG, avec plan de la ville de Chefoo, du Port et environs de Chefoo, en 4 couleurs avec caractères chinois et latins et les productions (en rouge). 1m075 × 0m68. Gravé et imprimé par Erhard, édité par Lanée. Paris, 1877.

CHAN-TOUNG-MEI-KOUNG-LOUN. Brochure in-8° long, 18 pp. en caractères chinois. Imprimerie du Département statistique des douanes chinoises. Chang-haï, 1878.

CATALOGUE SPÉCIAL DE LA COLLECTION (CHINOISE) *exposée au palais du Champ-de-Mars, Exposition universelle de Paris* 1878. 1 vol. in-4°, 122 pp., avec plan et notes sur les diverses industries chinoises. Imprimerie du Bureau des Statistiques de la Direction générale des douanes. Chang-haï, 1878.

ALLIGATORS IN CHINA, *their history, description and identification*. 1 brochure in-8°, 44 pp. avec 4 gravures et caractères chinois dans le texte. Chang-haï, 1879.

SPECIAL CATALOGUE OF THE NINGPO COLLECTION OF EXHIBITS *for the | International fishery exhibition Berlin,* 1880 preceded by a description of the fisheries of Ningpo and the Chusan archipelago with versions in French by A. A. Fauvel and german by J. Neumann. Published by the Statistical Department of the Inspectorate general of the Chinese Imperial maritime customs. Shang-haï, 1880.

Promenades d'un naturaliste dans l'archipel Chusan *et sur les côtes du Chékiang*. 1 vol. in-8°, 256 pp., avec 2 planches et 1 carte. Cherbourg, 1880.

Les Chinois chez eux, *Revue du monde catholique*, t. XI, n° 65, 15 juin 1881, 20 pp. Paris, 1881.

Chinese plants in Normandy. 1 brochure in-4°, 14 pp. à 2 colonnes avec caractères chinois dans le texte. Hong-Kong, 1884.

Catalogue des plantes recueillies aux environs de Tché-fou, par M. A.-A. Fauvel, déterminées par M. A. Franchet. 1 brochure in-8°, 276 pp. Cherbourg, 1884.

La Chine et ses ressources industrielles. 1 brochure in-8°, 55 pp. Bruxelles, 1889.

La Société étrangère en Chine. 1 brochure in-12°, 35 pp. Paris, 1889.

La Province chinoise du Chan-toung, *géographie et histoire naturelle*. 1 vol. in-8°, 313 pp. avec 7 cartes. Bruxelles, 1892.

La guerre sino-japonaise. 1 brochure in-8°, 29 pp. (ext... Correspondant 10 décembre 1894). Paris, 1894.

Divers articles sur l'histoire naturelle de la Chine, la guerre franco-chinoise, etc., la géographie de la Chine, etc., dans divers journaux et revues, tels que: *North China Herald, North China Daily News; Shang-haï Courrier; Celestial Empire, China-Review*, 1872 à 1884; *Le Moniteur universel, Le Monde illustré, L'Illustration*, 1884 à 1889; *Le Samedi-Revue, La Revue Française de Géographie*, 1889 à 1894.

2° EXTRÊME-ORIENT.

Elephanta, *temple souterrain près Bombay*. 1 brochure in-8°, 18 pp. avec 2 gravures, 1 plan, Paris, 1889.

Kurrachée et Bombay, *souvenirs de voyage*. 1 brochure in-8°, 40 pp., Paris, 1892.

Les combustibles minéraux de l'Insulinde. 1 brochure in-8°, 68 pp. Bruxelles, 1893.

La Peninsule Malaise, *ressources et avenir*. 1 brochure in-8°, 50 pp. avec grande carte, 0m71 × 0m55. Paris, 1893.

CHARTRES. — IMP. DURAND.

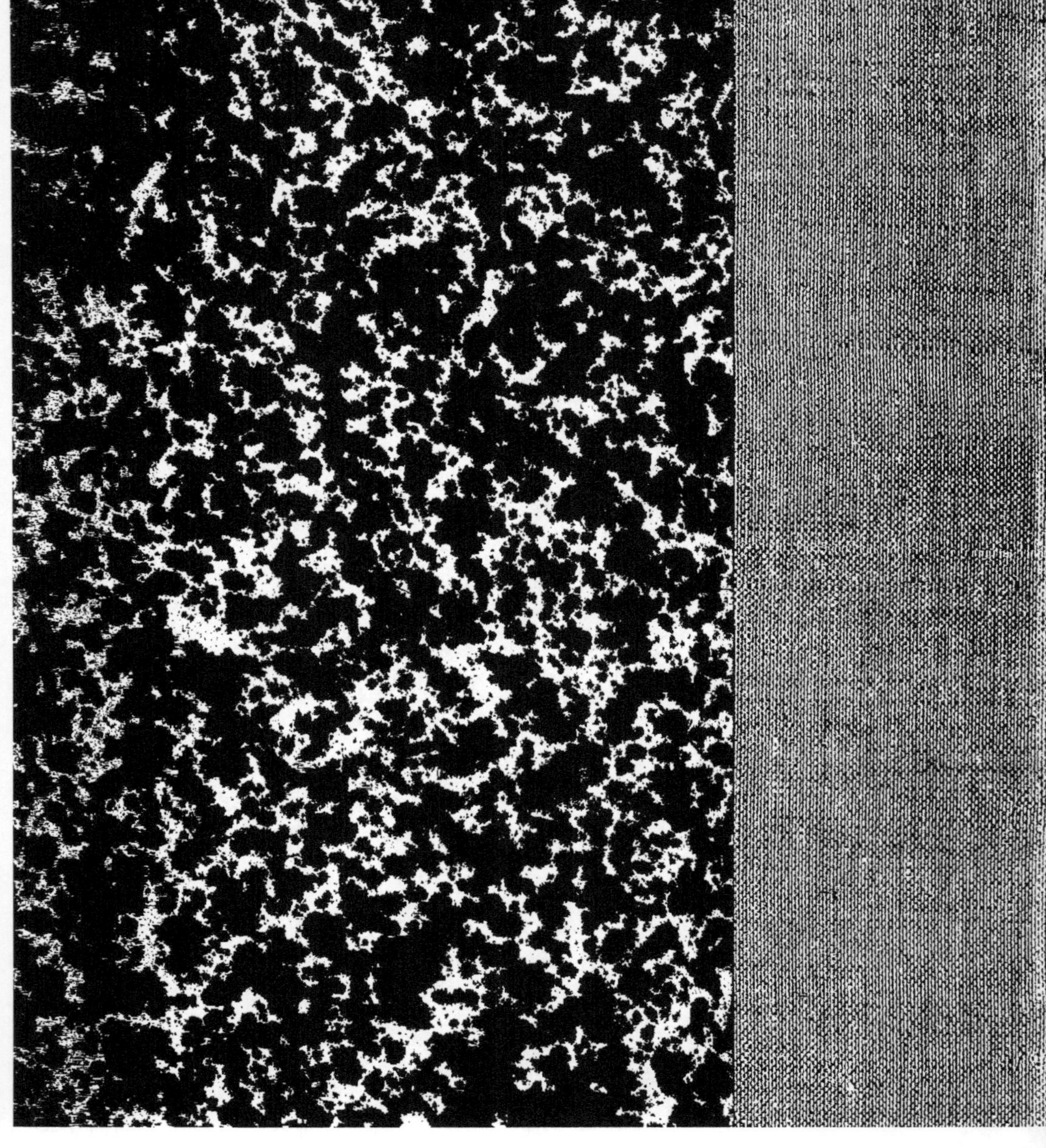

www.ingramcontent.com/pod-product-compliance
Ingram Content Group UK Ltd.
Pitfield, Milton Keynes, MK11 3LW, UK
UKHW012032240726
13965UKWH00002B/728

9 782013 412346